萨巴蒂娜 / 主编

烤箱料理

一个烤箱可以做无穷尽的料理

没有油烟 健康美味又方便

中国轻工业出版社

目 录
CONTENTS

计量单位对照表

1 茶匙固体材料 =5 克
1 汤匙固体材料 =15 克
1 茶匙液体材料 =5 毫升
1 汤匙液体材料 =15 毫升

Part1 情迷蔬果

Dishes with Fruits & Vegetables

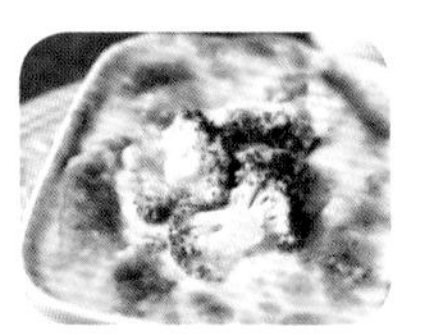

Part2 无肉不欢

Meat Dishes

Part3 饕餮河海鲜 Freshwater Fish & Seafood

Part4 烤一餐主食

Staple

Part5 休闲甜品

Desserts

人间至味是烧烤

人之初，天火遍地，于是人们学会了用火烤东西吃。尽管后来人类发明了煎炒烹炸蒸炖煲煮，原始的基因依然令人渴望烧烤带来的血液沸腾。

我一年四季都可以吃烧烤。当我拥有第一台烤箱的时候，我做的是烤鱼、烤肉排、烤馒头片和烤红薯，最后才学的烤面包。

烤箱料理比一般的煎炒烹炸制作步骤简单许多，把食材送进烤箱，用合适的温度烘烤，剩下的只需静静等待，就像在伊甸园等待苹果成熟一样。

新鲜的烤玉米，嫩黄的玉米粒上带一丝焦黄，弥漫着醉人的香，什么都不放的情况下我都可以至少吃两个，超大个的。

不是很爱吃蔬菜的我，烤出来的蔬菜却能吃下很多，比如烤韭菜、烤辣椒、烤茄子、烤蘑菇。最喜欢吃烤豆角里的豆子，老一点都没关系，绵绵的，软软的，带着一点烟火气。而且烤蔬菜超级简单，抹点油，撒点椒盐就好，你厨艺水平是负数都可以做。

然后是肉类，两串肥美的五花肉，小半扇滋滋冒油的羊肋排（比纯瘦羊肉好吃），再随便来点烤大虾、烤扇贝，开上一瓶北冰洋（或者你爱的任意饮料），脂肪燃烧的香气弥漫开来，令人陶然欲醉。白日里争强好胜的心，在这一刹那都放淡了，哪怕这个时候仇人走过来，也可以相逢一笑泯恩仇，露出大白牙一起大嚼特嚼。

在如此的美食面前，我甚至变得格外温柔，假如你遇到了我，我一定会请你吃我最爱的烤箱料理。

而假若我们并没有相遇，那我就把这本书介绍给你吧，里面都是我爱吃的用烤箱做出的菜，你记得回家去做。

不客气。

高欣茹

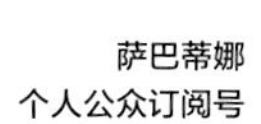
萨巴蒂娜
个人公众订阅号

萨巴小传：本名高欣茹。萨巴蒂娜是当时出道写美食书时用的笔名。曾主编过五十多本畅销美食图书，出版过小说《厨子的故事》，美食散文集《美味关系》。现任“萨巴厨房”主编。

敬请关注萨巴新浪微博 www.weibo.com/sabadina

烤箱的选购要点

在选购家用烤箱时，面对琳琅满目的各种型号，往往会有一种眼花缭乱、不知道如何选择的感觉，这里将会给你提供一些实用的建议，帮助你选择适合自己需求的烤箱。

1. 容积

市售烤箱从18升至60升以上不等。迷你烤箱适合加热面包、比萨等，但烹饪菜肴就显得力有不及；而烤箱过大又会白白浪费许多能源。建议普通家庭（3~5人）选购32升~40升容积的烤箱，大小会比较合适。当然，如果是大家庭，或是烘焙爱好者，经常烤制饼干等点心，可以选择更大的烤箱，甚至是嵌入式烤箱。

2. 功能

市售烤箱宣传的功能与卖点也十分多，按实用性归纳，依次为上下管独立温控、照明、易清洗内胆、加厚玻璃门、低温发酵、热风、旋转烤叉，可以根据自己的预算来选择，其他功能和卖点与这些相比并不是特别重要，根据自己的喜好购买就可以。

3. 其他选购原则

机械烤箱比电子烤箱更结实耐用，维修也方便。同等容积下，加热管越多越好，升温快、烤得快，食物受热更均匀。
宜简不宜繁，很多花里胡哨的功能最后绝大部分都沦为毫无用处的摆设，所以选择做工扎实、功能简捷的烤箱更为实用。

必备工具

隔热手套：
防止高温烫伤。

隔热垫（首选不锈钢和木制的）：
放置从烤箱取出的烤盘，以免烫坏桌面。

毛刷（硅胶、羊毛两种材质可供选择）：
给食物刷上油分，烤出来有光泽，不干燥。硅胶的易清洗，耐用；羊毛的虽然比较难清洗，但涂抹更细腻。

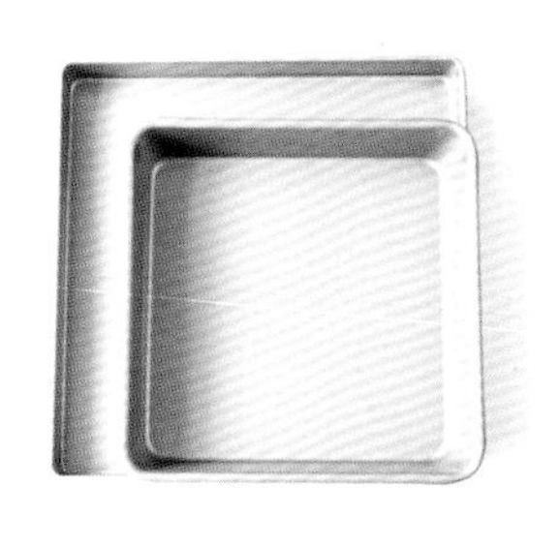

烤盘：
一般烤箱都会赠送烤盘，烤制食物时需包裹锡纸使用，方便清洗。如果自行选购不粘烤盘，则可略过此步骤。但要注意，清洗时一定要用柔软的海绵，防止破坏涂层，且另行购买的烤盘因与烤箱大小不能匹配，一定要放置在烤箱自带的烤网上使用。

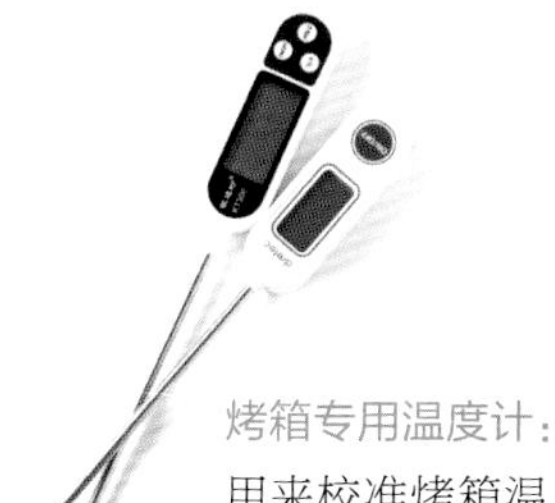

烤箱专用温度计：
用来校准烤箱温度，精确掌握箱内温度。

锡纸：
用来包裹烤盘，方便清洗烤盘，也更加卫生。

不粘油纸／油布：
多用来烤制不带汤汁的食材（饼干、菌菇等），铺在烤盘上使用，可防止食物粘连。

比萨盘：
烤比萨必备，家用9寸的比较合适。

烤箱的使用注意事项

第一次使用：

第一次使用烤箱前，应将所有配件取出（包括接渣盘），用洗洁精清洗干净，晾干；然后用柔软的干净湿抹布将烤箱内壁与加热管仔细擦上两遍，通风1小时后关上烤箱门，上下管都开至最高，加热10分钟后关闭，使加热管在生产过程中的附着物挥发掉即可。

其他注意事项

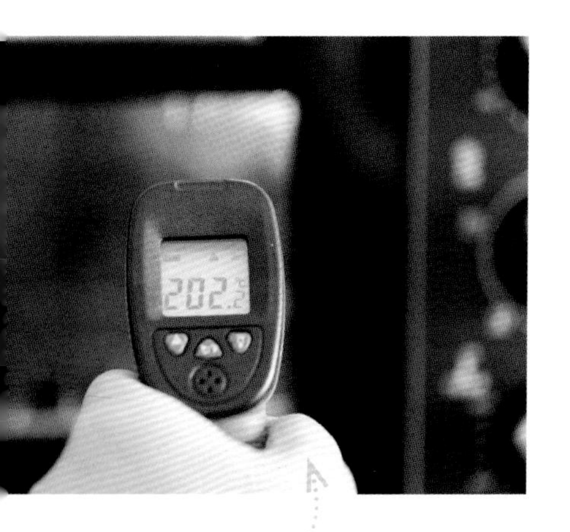

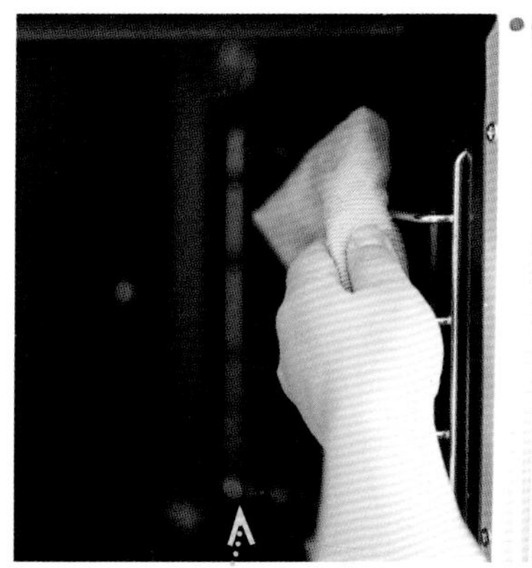

校准温度：

不管哪个品牌的烤箱，都会有一定的温度差，即指示温度与烤箱内实际温度有差异。所以在烤制你的第一餐之前，一定要用烤箱专用温度计来校准一下温度。

操作方法为：将烤网放置在烤箱中层，烤箱专用温度计放于烤网中间位置，加热烤箱至某温度（例如180℃），观察并记录温度计所指示的实际温度。如果实际温度为200℃，则你的烤箱就是标注比实温高20℃。在实际操作时，将菜谱标注温度降低20℃即可。

清洁：

要及时：每次使用后，一定要认真清洗使用过的烤盘、烤网还有接渣盘，如果烤箱壁和加热管也被弄脏了，就要等待烤箱完全冷却后，用干净的湿抹布仔细擦洗干净。油渍一旦经过反复加热会非常顽固，难以清洗干净，所以一定要及时处理。

需浸泡：经过高温烤过的食物油渍很难清洗干净，可以用热水浸泡几小时后再清洗，就会省力很多。

选工具：尽量不要使用钢丝球，否则会破坏烤盘的涂层，产生难看的痕迹，甚至会导致生锈。如果污渍太过顽固，可以用厨房重油污清洗剂喷上后，静待一刻钟再进行清洗。

定期擦：定期擦拭烤箱外壁以防灰尘进入烤箱内体，缩短使用寿命。

1

烤箱上方不要覆盖任何物品，否则会影响烤箱散热。

2

烤箱四周要留有足够的空间，10厘米之内不要放置其他物品，否则影响散热，也会让其他物品受高温损毁。

3

不要与其他电器共用一个插线板，烤箱一般功率都在2000瓦以上，共用插线板会导致负荷过重，引发安全事故。

常用调料

花生油：

用来刷锡纸和食物，防粘，并赋予食物光泽度，保存食物内部的水分不被烤干。

橄榄油：

相较于花生油更加健康，但味道稍浓重，需要根据食材选择使用。

喜马拉雅粉红盐：

从喜马拉雅冰川中提取的矿物盐，晶体呈漂亮的粉红色，味道鲜美，纯净健康，颜值颇高。

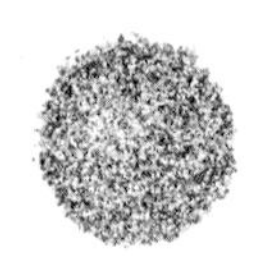

现磨黑胡椒：

自带研磨器的瓶装整粒胡椒，用时现磨，能最大限度地保存黑胡椒的辛香味。

孜然粉：

和羊肉最为搭配，与不少菌菇搭配也能提味。也可以自己买整粒孜然，用烤箱150℃烘烤10分钟，晾凉后用料理机打成孜然粉，比市售的现成孜然粉味道要香很多。

咖喱粉：

多种香料的混合物，具特殊的咖喱香气，比较百搭的一款香辛料。

五香粉：

五种香料的混合物，最具中国传统特色的香辛料。

蜂蜜：

为食物增加甜味和光泽，使食物更加鲜美可口。

生抽：

有咸鲜味，可以替代盐来调制各种烧烤汁和腌汁。

干燥香草：

比萨草、百里香、迷迭香、混合香草等，是西方常用的烤肉或是比萨的配料，能带来原汁原味的欧美风味。

Part 1
情迷
蔬果

Dishes with Fruits & Vegetables

酱烤韭菜

一畦春韭绿，十里稻花香

烹饪时间 15分钟

难易程度 简单

- 特色 -

俗语道：一月葱，二月韭。初春的韭菜被称为开春第一菜。每年的春天，一定不能错过鲜嫩嫩的韭菜。当你吃腻了炒韭菜、韭菜馅饺子，不妨试着把它们和香浓的酱汁一起送进烤箱吧，这简直是韭菜最方便好吃的做法了！

营养贴士

中医认为韭菜“益阳”，但这并不是“壮阳”的意思。而是指韭菜富含矿物质元素锌，对生长发育和生殖功能等均有重要作用。

TIPS

- 根据竹扦长短，可以一次穿两三个韭菜卷上去。
- 如果觉得穿成韭菜卷太麻烦，也可以直接将韭菜理顺，直条状摆放在烤盘内来操作。

主料：

韭菜	300克

辅料：

盐	1茶匙
食用油	2汤匙
黄豆酱	3汤匙
生抽	1汤匙
脱皮白芝麻	20克

做法：

1 韭菜择去外层叶子，洗净沥干水分。

2 烧开一锅清水，加入1茶匙盐。

3 将韭菜放入锅中，烫软后迅速捞出，沥干水分。

4 取3根韭菜理顺，放在案板上，从根部开始卷起呈棒棒糖状，卷得紧凑一些。

5 用手压紧卷好的韭菜，取一根竹扦平穿过去。重复操作，直至穿完所有韭菜。

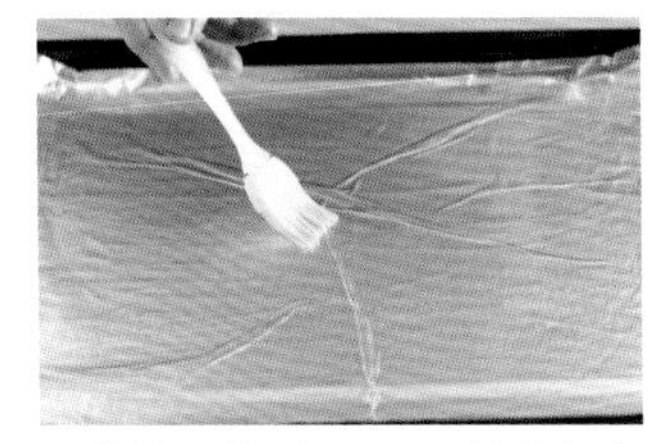

6 烤箱预热至180℃，烤盘包裹锡纸，刷上1汤匙食用油。

7 将黄豆酱和生抽调匀成酱汁；把穿好的韭菜整齐摆放在烤盘内，再刷上一层食用油。

8 用勺子在韭菜卷的中心位置淋上调好的酱汁，撒上脱皮白芝麻，放进烤箱中层，烘烤5分钟即可。

盐焗秋葵

好食材无须过多点缀

烹饪时间　20分钟

难易程度　简单

- 特色 -

秋葵由于风味佳、烹饪简易、健康养生，一经传入中国就大受欢迎。广泛种植后，价格也变得更加亲民。作为一种味道百搭的食材，它可以采用的烹饪方法有很多，而盐焗是最能突出它本味的方式。

主料：

秋葵	20根

辅料：

喜马拉雅粉红盐	适量
食用油	2汤匙

做法：

1 秋葵洗净，保留秋葵蒂不要剪掉，沥干水分。

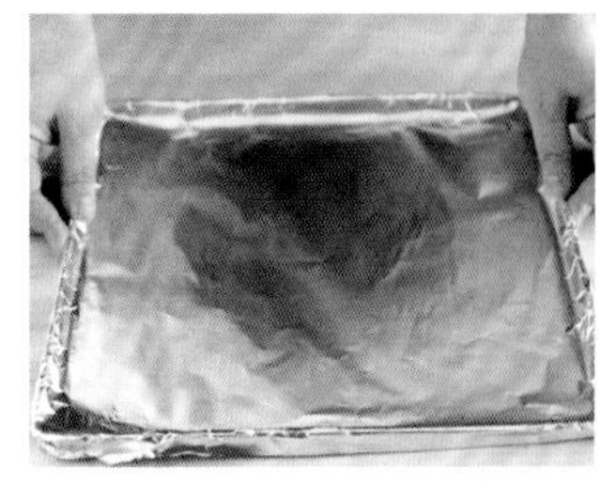

2 烤箱预热至180℃，烤盘包裹锡纸。

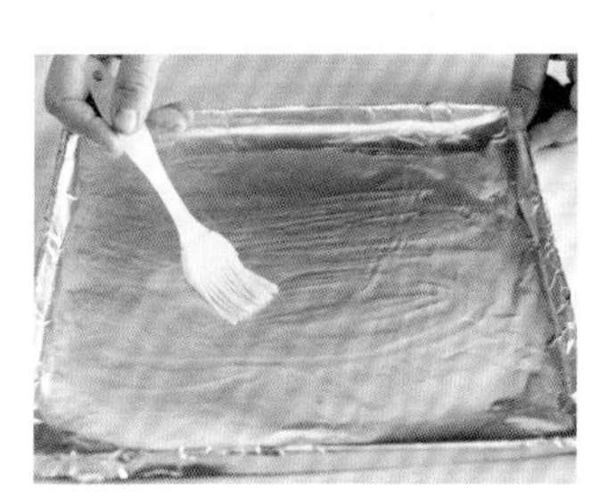

3 在烤盘上刷上薄薄一层食用油（1汤匙量）。

4 将秋葵整齐地摆放在烤盘内。

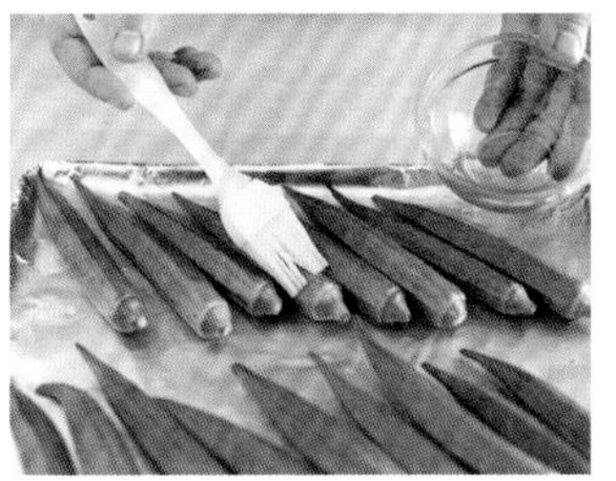

5 用小毛刷在秋葵上刷上剩余的食用油。

6 研磨上适量的喜马拉雅粉红盐，送入烤箱中层，烘烤15分钟即可。

营养贴士

秋葵原产于非洲埃塞俄比亚及亚洲的热带地区，因长相酷似辣椒，又被称为“洋辣椒”，可以增强人体免疫力、保护胃黏膜，对咽喉肿痛、小便淋涩、糖尿病等有食疗效果。

TIPS

出炉后单吃已经很好吃，当然也可以依据个人口味，撒一些孜然粉、五香粉、现磨黑胡椒等，或是蘸酱食用。

五彩蒜蓉茄

做好的茄子比肉香

烹饪时间 40分钟

难易程度 中等

– 特色 –

刘姥姥进大观园时，吃了一道茄鲞，异常美味，不敢相信是茄子制成的：“别哄我了，茄子跑出这个味儿来了，我们也不用种粮食，只种茄子了。”可见茄子是一种非常奇妙的食材：只要调味适宜，它就能吸纳精华，摇身一变，赛过肉香。这道菜虽然不像茄鲞那般复杂，但在各色香料调料的搭配下，也能五彩缤纷，鲜香四溢。

主料：

紫皮长茄	1个

辅料：

大蒜	1头
食用油	50克
香葱	1小把
盐	1茶匙
白砂糖	1汤匙
红剁椒	1汤匙
生抽	4茶匙
黄豆酱	1汤匙
香菜	2根（可选）

营养贴士

茄子味甘性寒，入脾胃大肠经，具有清热、宽肠、活血化瘀、利尿消肿之功效。明代李时珍在《本草纲目》一书中记载：茄子治寒热，五脏劳，治温疾。

TIPS

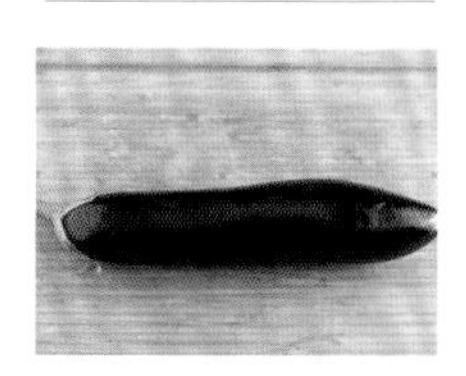

为了保持茄子的完整形状，不建议切去茄子蒂，但是该部位有细小扎手的毛刺，清洗和处理时要小心避开。

做法：

1 大蒜去皮洗净，用压蒜器压成蒜蓉；香葱去根洗净，切成葱花；香菜洗净去根，切成香菜碎。

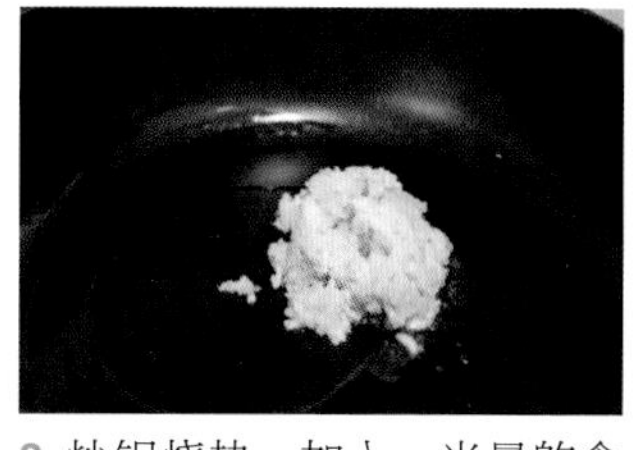

2 炒锅烧热，加入一半量的食用油，加入蒜蓉炒香。

3 加入盐、白砂糖、生抽、剁椒、黄豆酱，翻炒均匀，关火备用。

4 茄子洗净，沿竖向剖成两半（无需切去茄子蒂）；切面朝上，用小刀划出边长1厘米左右甚至更小的方格状纹路，注意保持茄子的完整性，尽量不要切透。

5 烤箱预热至180℃，烤盘包裹锡纸，刷上薄薄一层食用油。

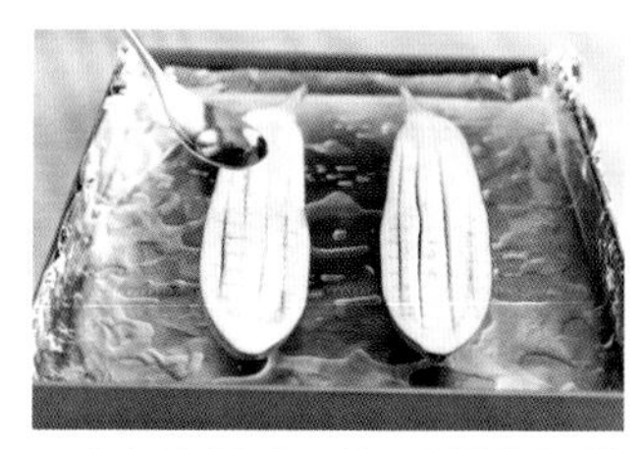

6 将切好的茄子切面朝上摆放在烤盘内，将剩余的食用油用茶匙均匀地淋在茄子纹路间，剩余一点点，用毛刷蘸取，刷匀整个茄子的表面。

7 送入烤箱，烘烤10分钟，取出烤盘，将炒好的蒜蓉酱堆在茄子上，撒上香葱碎。

8 继续放入烤箱，烘烤10～15分钟（根据茄子大小而定），取出后依据个人口味选择是否撒香菜碎提味即可。

奶油玉米

幸福的玉米加农炮

烹饪时间　30分钟

难易程度　简单

- 特色 -

曾经风靡全球的游戏《植物大战僵尸》中，会发射黄油的玉米绝对是某个吃货“程序猿”的杰作：这两者搭配简直是天作之合！融化的黄油，顺着玉米粒间的沟壑流淌，渗入玉米中，那香浓的味道，隔着烤箱都能让人口水流一地。

主料：

玉米	2根
黄油	50克

辅料：

喜马拉雅粉红盐	适量

做法：

1 新鲜玉米剥去外皮，撕去玉米须，洗净，用厨房纸巾吸干多余水分。

2 将玉米切成两三段。

3 黄油放入微波炉可用容器中，中高火加热1分钟至黄油融化。

4 裁剪几块锡纸（大小能包裹住每段玉米即可）。

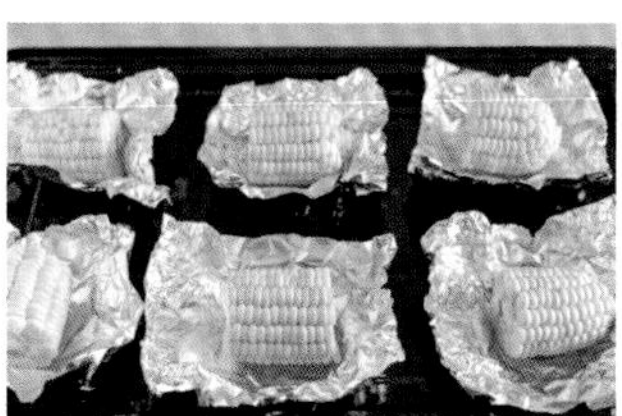

5 烤箱预热至190℃，将玉米放入锡纸中间，并将锡纸的四周略微折起。

6 将融化的黄油均匀刷在玉米上，转动一下玉米，使底部也刷满黄油。

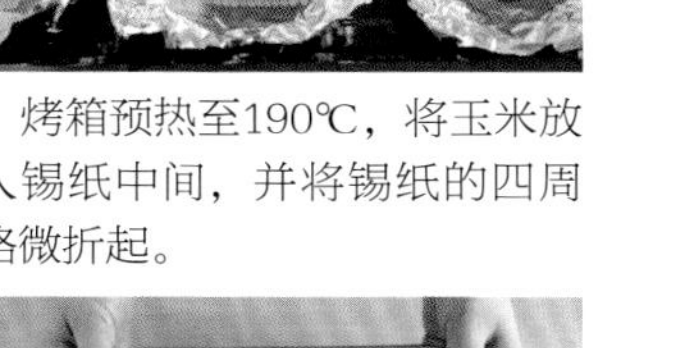

7 用锡纸将玉米包裹好，送入烤箱中层，烘烤20分钟。

8 取出烤盘，小心打开锡纸，根据个人口味研磨上适量的喜马拉雅粉红盐即可。

营养贴士

黄油是将新鲜牛奶用离心力分离之后取得的牛奶中的油脂，富含氨基酸、维生素A和多种矿物质，可以为身体和骨骼的发育补充大量营养。

TIPS

- 推荐使用纯动物成分的黄油，而不要用人造黄油，这样比较健康，口感也会更香浓。
- 如果不是玉米季，也可以购买超市冷冻包装的冻鲜玉米来制作，提前解冻即可。

快手黑椒薯角

我可不是垃圾食品

烹饪时间　30分钟

难易程度　简单

- 特色 -

薯条、薯角之类大概是美食界中最招人喜爱又招人恨的家伙了：真的好好吃，但是热量却超高啊！有了这份食谱，您再也不用纠结了，只需要两个土豆，一点点健康的橄榄油，分分钟做出一盘好吃的薯角，一次吃到打饱嗝也不用担心热量超标了！

主料：

土豆（中等大小）	2个

辅料：

橄榄油	2汤匙
盐	2茶匙
现磨黑胡椒	适量

做法：

1 土豆洗净，用厨房纸巾吸干水分。

2 滚刀切成3～5厘米的小块。

3 取一个保鲜袋，将切好的薯角放入。

4 在保鲜袋内淋上2汤匙橄榄油。

5 加入2茶匙盐，扎紧袋口，使劲晃动，使薯角均匀地裹满油盐。

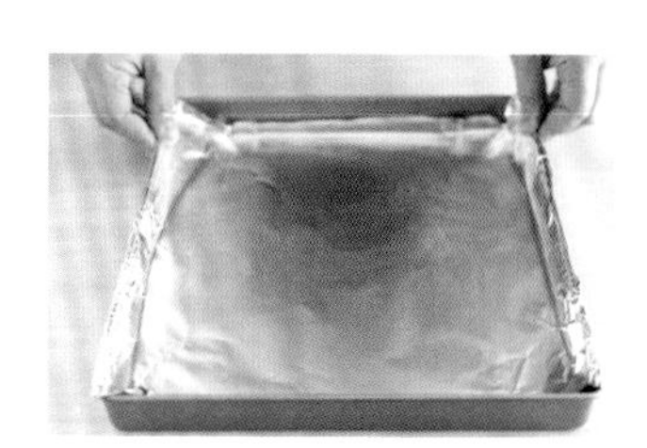

6 烤箱预热至210℃，烤盘包裹锡纸。

7 将薯角从保鲜袋中倒在烤盘上，平铺均匀，研磨上适量的黑胡椒。

8 送入烤箱中层，烘烤25分钟左右即可。

营养贴士

黑胡椒是人们最早使用的香料之一，原产于印度马拉巴海岸，在古希腊和罗马时代被视作珍贵的贡品，可以驱风邪、刺激胃液分泌、提振食欲。

TIPS

也可以不撒黑胡椒，直接将裹好油盐的薯角放进烤箱，出炉后蘸取番茄酱、美乃滋等酱料食用。

土豆曲奇花

是曲奇还是土豆泥

烹饪时间 40分钟

难易程度 中等

- 特色 -

土豆泥绵绵软软，又香又滑，人人都爱吃，但是每次都是装在小盘小碗里，觉得缺乏卖相和新意？用裱花袋把土豆泥变成曲奇吧！不但更加有趣，还能带来外酥里嫩的口感，保证让家中的小朋友一块接一块吃得肚子圆溜溜！

主料：

土豆（大）	1个
牛奶	50毫升
黄油	30克

辅料：

盐	1/2茶匙
黑胡椒粉	1/2茶匙
食用油	1汤匙

营养贴士

牛奶是最古老的天然饮品之一，被誉为“白色血液”，含有丰富的脂肪和蛋白质，还富含钙、磷、铁、锌、铜、硒等多种矿物质，是钙的极佳来源，而且钙磷比例适当，非常有利于人体对钙的吸收。

TIPS

• 切好的土豆块也可以放入小碗中，覆盖上保鲜膜，扎几个透气的小孔，用微波炉加热3~5分钟即可熟透。

• 土豆泥切不可调得过稀，否则烤出的曲奇花不易保持清晰的纹路。

做法：

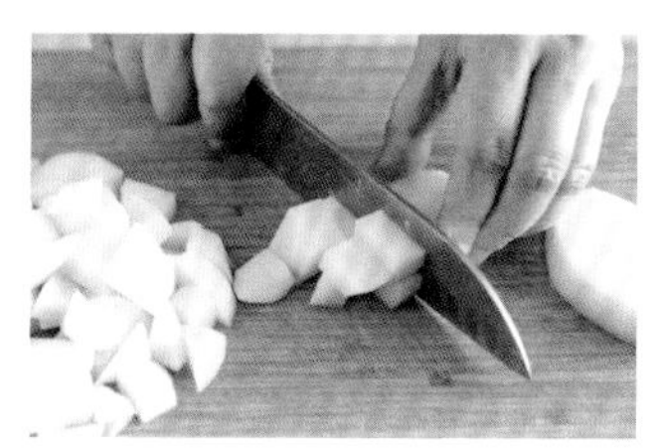

1 土豆洗净，去皮，切成小块。

2 放入小碗中，上锅蒸约15分钟，至土豆块可轻易用筷子插透。

3 将熟透的土豆块放入小盆中，压成土豆泥，趁热加入黄油搅拌。

4 根据土豆大小，在土豆泥中分次加入牛奶拌匀，直至调成柔软但可成形的状态。

5 加入盐和黑胡椒粉调味。

6 准备1个大号裱花袋，将八齿裱花嘴放入袋中，比对位置后将裱花袋剪开小口。

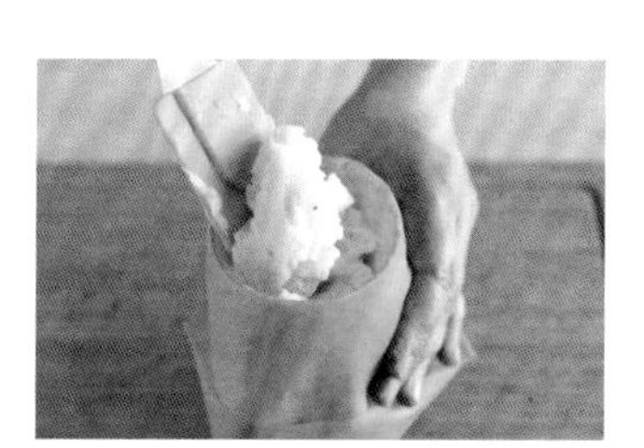

7 将裱花袋套在高高的水杯上，袋口外翻；将土豆泥装入裱花袋内。

8 烤箱预热至210℃；烤盘包裹锡纸，刷上1汤匙食用油；将土豆泥整齐地在烤盘内挤成花朵状，间距1厘米左右。将烤盘放进烤箱中层，烘烤15分钟，至曲奇表面略呈金黄色即可，烤好后趁热尽快食用。

XO酱烤冬笋

青山孕育出的鲜甜

烹饪时间 35分钟

难易程度 简单

– 特色 –

冬笋素有“金衣白玉，蔬中一绝”的美誉。每年一二月份，正是吃冬笋的好时节。一个个肥嫩的笋宝宝是大自然馈赠给人类不可多得的美味食材。搭配酱中第一鲜的XO酱，经简单焗烤，使笋的鲜美得到了最大程度的保留和升华。

营养贴士

冬笋是立秋前后由毛竹的地下茎侧芽发育而成的笋芽，主要产区为江西、浙江一带，含有丰富的蛋白质、维生素、矿物质及膳食纤维，能促进肠胃蠕动，预防便秘和结肠癌的发生。它所含的多糖类物质，还具有一定的抗癌作用。但注意，冬笋含有较多草酸，与钙结合会形成草酸钙，患尿道结石、肾炎的人不宜多食。

主料：

鲜冬笋	2个

辅料：

盐	1茶匙
XO酱	3汤匙
食用油	2汤匙
生抽	1汤匙
香葱	1小把

做法：

1 将鲜冬笋洗净，沥干水分，切去根部。

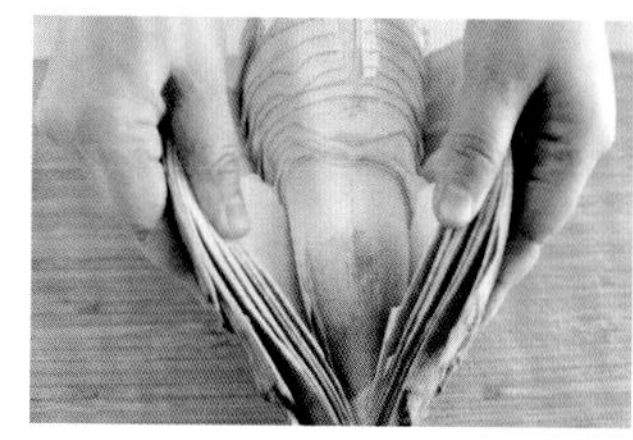

2 纵向切一刀，然后用刀挑开笋壳。

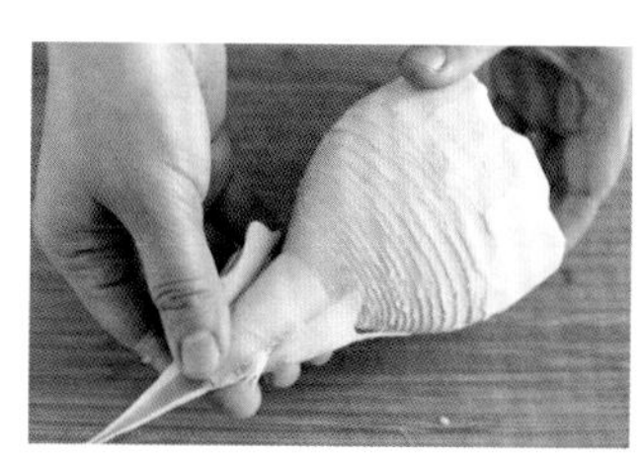

3 用手剥掉冬笋所有外皮，仅保留笋心。

4 将冬笋切成适口的薄片。

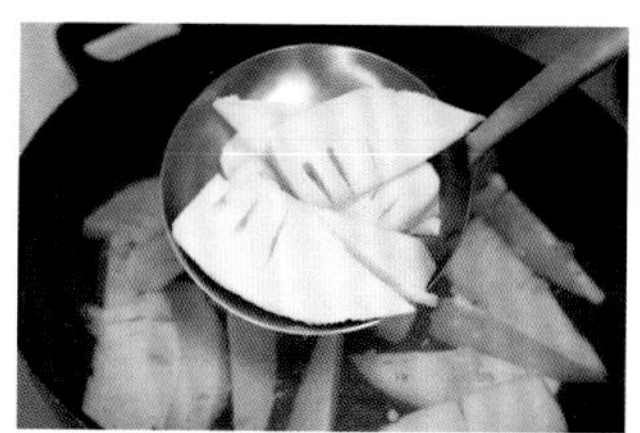

5 起锅烧一锅清水，加入1茶匙盐，将笋片放入锅中氽烫至水沸腾后捞出，沥干水分。

6 将烫好的笋片放入盆中，淋上2汤匙食用油，再将XO酱和生抽调匀，也倒在盆中，翻拌均匀。

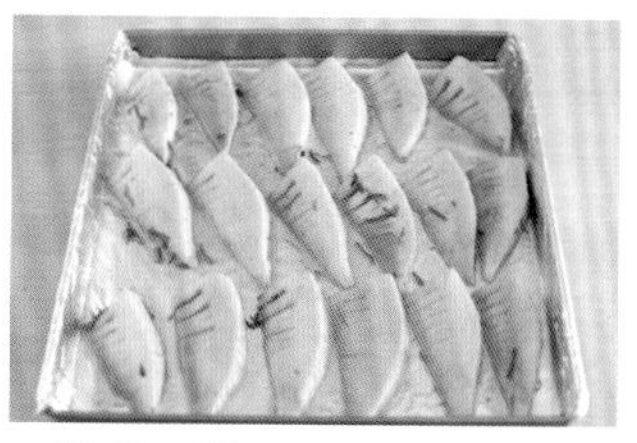

7 烤箱预热至180℃，烤盘包裹锡纸，将拌好的笋片倒入烤盘，送入烤箱中层烘烤15分钟。

8 香葱去根洗净，切成葱花，笋片烤好出炉后撒在烤盘上即可。

TIPS

春笋也可以用来做这道菜，剥壳方法与冬笋一样，先切根部，再纵向一刀切开笋壳。不过春笋鲜嫩没有涩味，可以省去氽烫步骤，直接使用。

黑椒洋葱圈

没有肉也能香喷喷

烹饪时间　30分钟

难易程度　简单

– 特色 –

黑椒洋葱与牛肉，是经典的西餐搭配。这道菜虽然没有牛肉的加入，但是由于具有丰富的层次感，也能带来喷香过瘾的味觉感受。把常规的油炸方式改为烤箱烤制，吃起来也更加健康。

营养贴士

洋葱含有前列腺素A，能降低外周血管阻力，降低血液黏稠度，可用于降低血压、提神醒脑、缓解压力。此外，洋葱还能清除体内氧自由基，增强新陈代谢能力，抗衰老，预防骨质疏松，是非常好的保健食物。

TIPS

剩余部位的洋葱可以切碎拌沙拉食用，或者做成洋葱炒蛋等菜肴均可。

主料：

洋葱	1个

辅料：

橄榄油	1汤匙	黑胡椒粉	2茶匙
鸡蛋	2个	淀粉	1小碗
盐	1/2汤匙	面包糠	200克

做法：

1 洋葱去皮去根，洗净，用厨房纸巾擦干多余水分。

2 将洋葱切成宽1厘米左右的洋葱圈，用手将洋葱圈分开。

3 弃用内侧过小的部分以及过薄的外侧洋葱圈，仅保留差不多大小、具有一定厚度的洋葱圈。

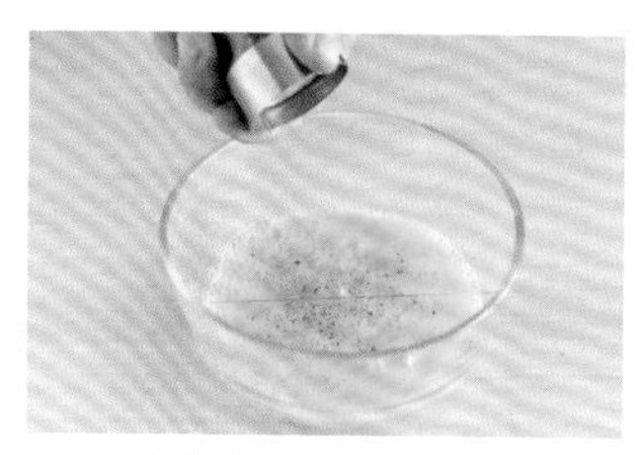

4 鸡蛋磕入小碗中打散，加入盐和黑胡椒粉搅拌均匀调味；烤盘包裹锡纸，刷上薄薄一层橄榄油。

5 将洋葱圈放进淀粉碗中，裹满淀粉。

6 然后将洋葱圈浸没在鸡蛋液中，用筷子夹出，放进面包糠中。

7 将裹满面包糠的洋葱圈整齐摆放在烤盘内。烤箱提前10分钟预热至210℃，放入烤箱中层烘烤10分钟。

8 取出烤盘，将洋葱圈翻面，送回烤箱中上层，继续烘烤5～8分钟即可。

白酱焗西蓝花

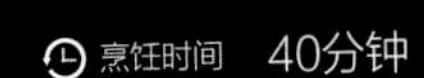
烹饪时间 40分钟
难易程度 中等

香浓与清淡的完美融合

- 特色 -

翠绿清淡的西蓝花，配上香浓洁净的白酱，酱汁渗入每一个细小的花蕾，看似素淡的颜色，却有着香浓无比的口感。

主料：

西蓝花 1棵

辅料：

盐	3茶匙
黄油	20克
面粉	20克
牛奶	300毫升
现磨黑胡椒	适量
肉豆蔻粉（可选）	1/2茶匙
干燥迷迭香（可选）	1茶匙
马苏里拉奶酪	50克

营养贴士

西蓝花原产于地中海东部沿岸地区，富含叶酸、维生素C、胡萝卜素及钙、磷、铁、钾、锌等矿物质，营养成分位居同类蔬菜之首，被誉为“蔬菜皇冠”。

TIPS

如果条件允许，制作白酱的面粉尽量选用低筋面粉，并用动物鲜奶油来代替牛奶，制作出的白酱口感会更加顺滑、香浓。

做法：

1 西蓝花切掉粗梗，切分成适口的小块，清水冲洗几遍后沥干水分。

2 起锅烧一锅清水，加入1茶匙盐，将西蓝花放入开水中汆烫1分钟，捞出控干水分。

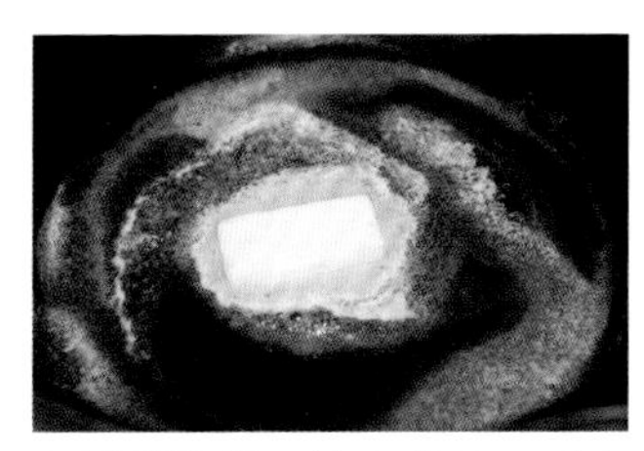

3 另起炒锅，放入黄油，开小火使黄油融化。

4 分3次倒入面粉，每次倒入后迅速翻炒均匀。

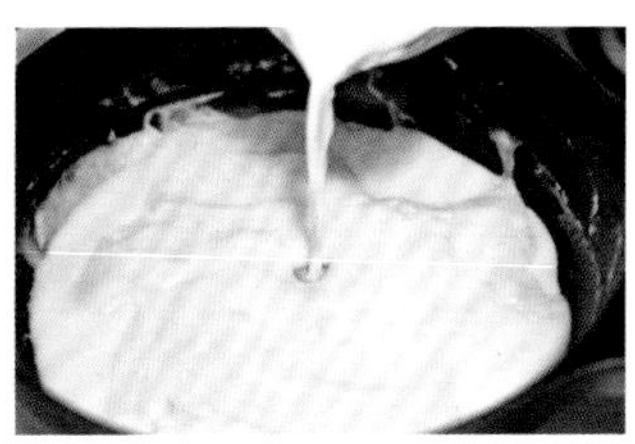

5 分3次倒入牛奶，每次倒入后都务必搅拌均匀再倒下一次。

6 加2茶匙盐和适量现磨黑胡椒调味，如果家中有肉豆蔻粉和干燥迷迭香，此时一并放入。煮至浓酸奶的稠度即成白酱，关火。

7 烤箱预热至180℃；将烫好的西蓝花放入烤箱专用的玻璃容器中，倒入白酱。

8 将马苏里拉奶酪切成小块，撒在最上面，送入烤箱中层，烘烤20分钟即可。

玉米彩椒圈

五光十色最抢眼

烹饪时间 25分钟

难易程度 简单

– 特色 –

菜椒、玉米、鸡蛋，唾手可得的原料，经过巧妙地切摆烹制，就像魔术一样，迅速变成一盘美食。无论是拿来哄孩子吃蔬菜，还是摆上餐桌招待客人，都能完美胜任。

营养贴士

菜椒原产于中南美洲热带地区，经长期栽培驯化，果实增大，果肉变厚，辣味消失，它含有丰富的营养，能增强体力，缓解疲劳，其特有的味道和所含的辣椒素有刺激消化液分泌的作用，可增进食欲，帮助消化。此外，它蕴含的丰富的维生素C还可防治坏血病，对牙龈出血、贫血、血管脆弱有辅助食疗作用。

TIPS

锡纸一定要铺平整，菜椒圈要切得整齐，蛋液才不会从菜椒圈底部漏出。如果不怕麻烦，可以单独用小块锡纸包裹每个菜椒圈，这样蛋液就不会漏出去啦。

主料：

青菜椒	半个
黄菜椒	半个
红菜椒	半个
速冻玉米粒	200克
鸡蛋	2个

辅料：

橄榄油	1汤匙
盐	1茶匙
玉米淀粉	1茶匙
现磨黑胡椒	适量

做法：

1 将三色菜椒洗净，用厨房纸巾吸干水分。

2 从蒂部边缘往里推，取下椒蒂。

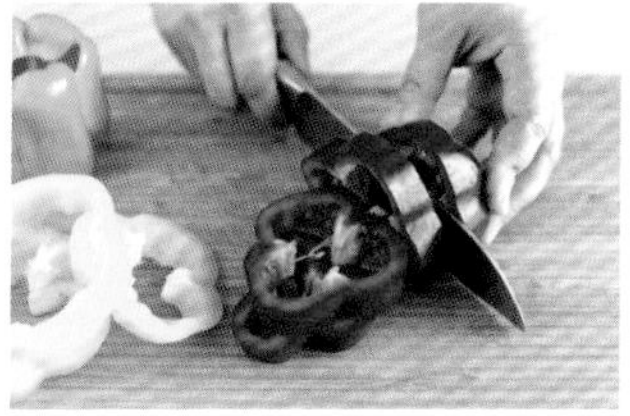

3 掏出菜椒子粒，切去尾部1厘米弃用，然后每色菜椒切下4个1厘米厚的菜椒圈。

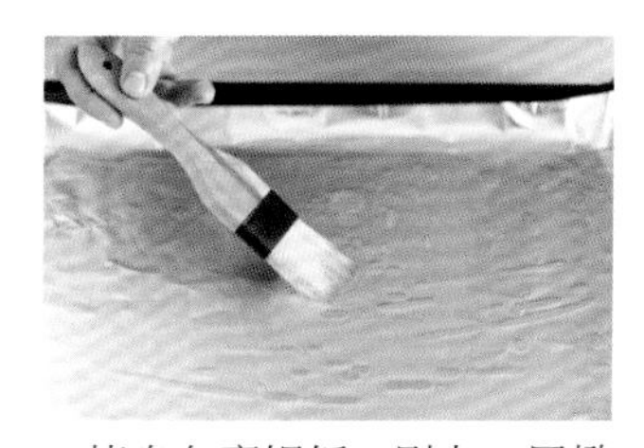

4 烤盘包裹锡纸，刷上一层橄榄油。

5 将菜椒圈摆放在烤盘上；鸡蛋打散，加入盐和玉米淀粉打匀。

6 玉米粒洗去浮冰，沥干水分，均匀堆放在菜椒圈内。

7 烤箱预热至180℃；将步骤5调好的蛋液均匀分在每个菜椒圈内。

8 研磨上适量的黑胡椒，放入烤箱中层，烘烤15分钟即可。

奶酪芦笋

小清新遇上重口味

烹饪时间 25分钟

难易程度 简单

– 特色 –

芦笋外表清新，味道清淡，营养丰富，一般经过简单水煮即可端上餐桌，作为配菜尚可，作为主菜就略显口味单薄。这时只要加一点奶酪焗烤一下，立刻变成能独当一面的主菜，配以黑胡椒和喜马拉雅粉红盐的简单调味，芦笋的清新和奶酪的浓香被凸显得淋漓尽致，堪称完美融合。

营养贴士

奶酪经过了发酵的过程，含有乳酸菌，有利于维持人体肠道内正常菌群的稳定和平衡，防治便秘和腹泻。1千克奶酪制品是由10千克牛奶浓缩而成的，蛋白质、脂肪、维生素及钙、磷等营养含量更高。且由于独特的发酵工艺，使其营养吸收率达到了96%~98%。

主料：

芦笋	1小捆
马苏里拉奶酪	100克

辅料：

盐	1茶匙
橄榄油	3汤匙
喜马拉雅粉红盐	适量
现磨黑胡椒	适量

做法：

1 芦笋切去根部老化的部分，冲洗干净。

2 起锅烧一锅清水，加入1茶匙盐。

3 将芦笋整根放入锅中，汆烫1分钟后捞出，沥干水分备用。

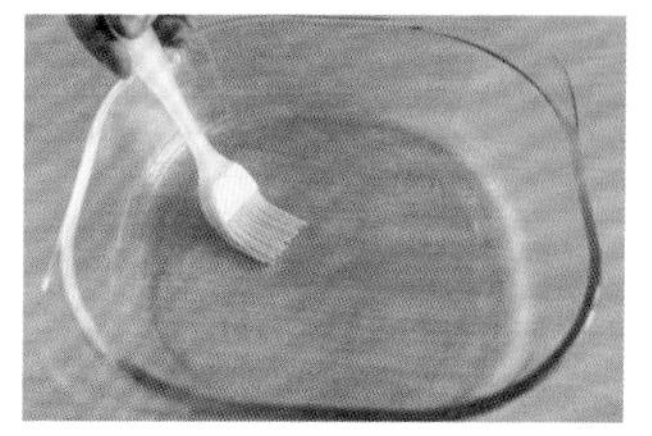

4 烤箱预热至180℃；准备烤箱专用的玻璃器皿，刷上一层橄榄油（1汤匙量）。

5 将芦笋整齐地摆放在容器内，均匀地淋上剩余的橄榄油。

6 马苏里拉奶酪切成小块，均匀撒在芦笋上。

7 研磨上适量的喜马拉雅粉红盐和黑胡椒。

8 送入烤箱中层，烘烤约15分钟，至奶酪全部融化渗进芦笋中即可。

TIPS

- 奶酪用量可根据个人口味自行调整。
- 直接使用市售的马苏里拉奶酪丝，经过烘烤会渗透得更均匀一些。
- 如果购买不到马苏里拉奶酪，也可用切达奶酪片（白色）代替：取8片奶酪片，撕成小块后撒在芦笋上即可。

奶酪圆白菜

轻松吃出幸福感

烹饪时间　50分钟

难易程度　简单

- 特色 -

当家中有客人造访，或者年节时分家人聚餐，你想端出一盘既轻松省事，又让你颇有面子的菜肴，不妨试试这道奶酪圆白菜。只需简单处理，放入烤箱，就能变出一盘香浓无比的菜肴，而且有了奶酪的加持，每一口都能体会到幸福的满足。

主料：

圆白菜	半棵
马苏里拉奶酪	150克

辅料：

橄榄油	2汤匙
盐	1茶匙
现磨黑胡椒	适量

做法：

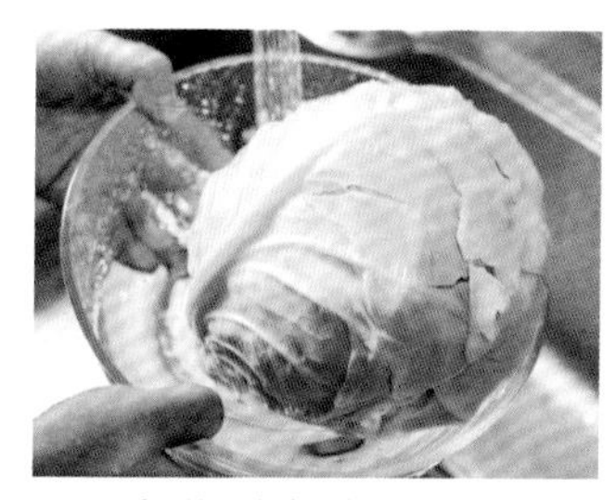

1 圆白菜剥去外层老叶，洗净，沥干水分。

2 对半切开，取一半，再对切，然后切掉根部硬心。

3 将圆白菜切成边长3厘米左右的小块，用手掰开层层粘连的圆白菜。

4 加入盐、橄榄油和适量现磨黑胡椒，翻拌均匀，腌渍15分钟。

5 烤箱预热至180℃；将腌好的圆白菜放入烤箱专用的玻璃器皿中。

6 马苏里拉奶酪切碎，均匀撒在圆白菜上，放入烤箱中层，烘烤25分钟即可。

营养贴士

圆白菜富含维生素C，经常食用可增强人体免疫力。圆白菜中还含有某种溃疡愈合因子，能加速创面愈合，对胃溃疡等有着很好的食疗作用。

TIPS

这道菜还可以用第32页“白酱焗西蓝花”中的白酱来制作，口感也非常棒。

豆角棒棒糖

让小朋友爱上蔬菜

烹饪时间 30分钟

难易程度 简单

- 特色 -

小孩子往往都对肉情有独钟，而对味道寡淡的青菜兴致不高。其实只要花点心思，就能把蔬菜做得非常讨喜，一个又一个可爱的豆角棒棒糖，保证能吸引孩子们吃得停不下来。

营养贴士

中医认为，豇豆具有理中益气、健胃补肾、和五脏、生精髓、止消渴、解毒的功效，豇豆中含有多种维生素和矿物质等，尤其是富含的磷脂可促进胰岛素分泌，是糖尿病患者的理想食物。

TIPS

- 穿豆角时，固定豆角的手应平压在豆角上方，另一只手持竹扦水平用力，这样才不会扎到手指。
- 长豇豆由于容易生虫，所以农药残留比较多，尽量提前用蔬果专用的无毒清洗剂浸泡5分钟以去除农药残留。

主料：

长豇豆	12根

辅料：

盐	1茶匙	豆瓣酱	2汤匙
食用油	3汤匙	生抽	1汤匙
大蒜	1头		

做法：

1 长豇豆洗净，切去根部，沥干水分。

2 烧一锅热水，加入1茶匙盐，水沸后将长豇豆放入，中火煮至稍微变软。

3 捞出长豇豆，沥干水分。

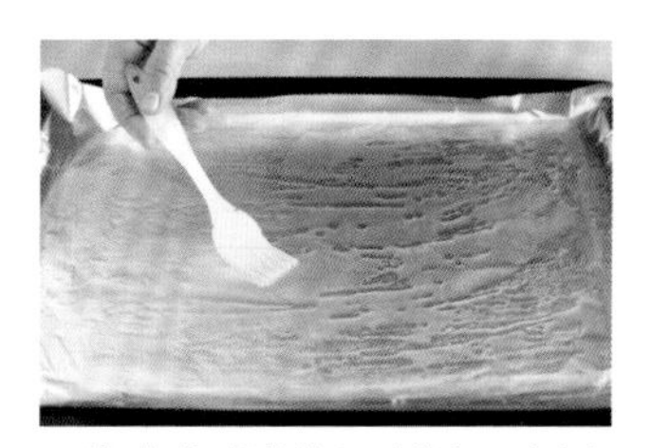

4 烤盘包裹锡纸，刷上一层食用油（1汤匙量）。

5 取一根豆角，卷成棒棒糖的形状，用手按好，取一根竹扦将豆角穿好固定住。将穿好的豆角棒棒糖整齐地摆放入烤盘内。

6 大蒜去皮洗净，用压蒜器压成蒜蓉。

7 炒锅烧热，加入2汤匙食用油，放入蒜蓉翻炒出香味，加豆瓣酱和生抽调味。

8 烤箱预热至200℃；将炒好的蒜蓉酱用勺子淋在豆角棒棒糖的中间部位，送入烤箱中层，烘烤10分钟即可。

金沙焗苦瓜

让苦瓜变成抢手货

烹饪时间　1小时

难易程度　中等

– 特色 –

人人都知道苦瓜对健康大有裨益，但孩子们看见苦瓜就躲，成年人也有如服药般逼自己咽下这份健康。这道金沙焗苦瓜，不但没有苦味，还满溢着蛋黄的香，有了这份食谱，没人动筷的苦瓜立刻就能变成餐桌上的抢手货了！

主料：

苦瓜	2根	咸蛋黄	4个

辅料：

食用油	2汤匙	香葱	3根
盐	1茶匙		

TIPS

生的咸蛋黄不易压得非常碎，因此在炒金沙时，应保持小火，并用锅铲不停地翻动、碾压，以炒出非常细密的金沙来。

做法：

1 苦瓜洗净，切去头尾；将苦瓜纵向剖开，掏出苦瓜子、撕去白瓤丢弃。

2 将苦瓜切成0.5厘米宽的半圆形苦瓜圈，置于一大盆清水中浸泡半小时以上，减少苦味。

3 烧一锅清水，加入1/2茶匙盐；将苦瓜圈放入开水中汆烫半分钟，捞出沥干水分备用。

4 咸蛋黄用勺子压碎；炒锅烧热，加入2汤匙食用油。

5 倒入压碎的咸蛋黄和1/2茶匙盐，翻炒至蛋黄泛起细密的泡泡后关火。

6 烤箱预热至180℃；加入苦瓜圈，翻拌均匀，使苦瓜圈裹满咸蛋黄。

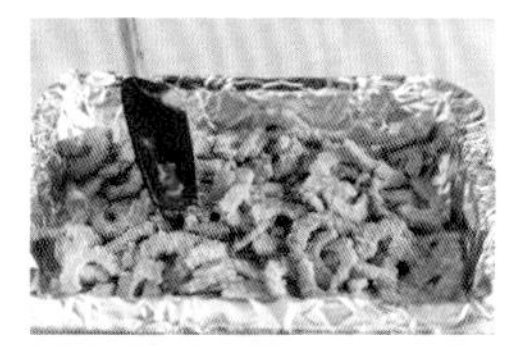

7 烤盘包裹好锡纸，将金沙苦瓜倒入烤盘内平铺，放入烤箱中层烘烤10分钟。

8 香葱去根洗净，切成葱花，金沙苦瓜出炉后将葱花撒在上面即可。

豆豉金针菇卷

精致素食的典范

烹饪时间 25分钟

难易程度 简单

\- 特色 -

一小把金针菇，一块豆腐皮，几根韭菜，再寻常不过的食材，经过一番巧妙烹制，就能变成一盘极为精致的菜肴。生活永远不缺美好，只要你有一份创造美的心情。

主料：

金针菇	500克
豆腐皮	1块

辅料：

食用油	3汤匙
风味豆豉	3汤匙
酒酿	3汤匙

TIPS

配方中的风味豆豉，也可根据个人口味替换成黄豆酱、甜面酱等酱料，出炉后也可再撒一些孜然粉、五香粉来调味。

做法：

1 金针菇洗净，沥干水分，切掉根部1厘米左右，用手撕开备用。

2 豆腐皮洗净，沥干水分，切成3厘米×6厘米的长方形小块。

3 将风味豆豉和酒酿调匀成酱汁。

4 烤盘包裹锡纸，刷上薄薄一层食用油（1汤匙量）。

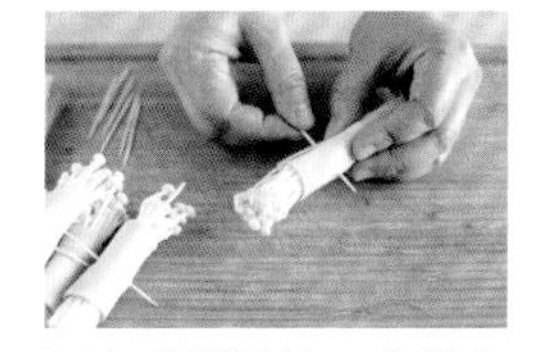

5 取手指粗的一小撮金针菇，放在豆皮上，将豆皮沿长边卷起，用牙签固定好。

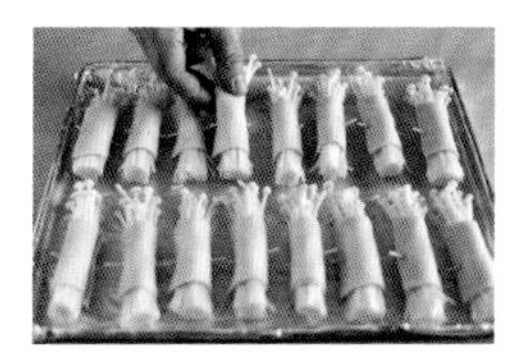

6 将卷好的豆皮整齐摆放进烤盘内，烤箱预热至180℃。

7 用毛刷将剩余的食用油刷在金针菇豆皮卷上。

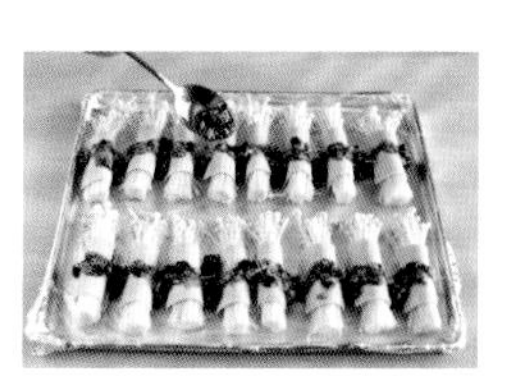

8 均匀地淋上步骤3调好的酱汁，送入烤箱中层，烘烤15分钟即可。

孜然烤香菇

素食也能很美味

烹饪时间　30分钟

难易程度　简单

– 特色 –

香菇是一种风味非常突出的食用菌，它在素食中的地位极其重要，无论作为主材料，还是吊高汤、做配料，都表现极佳。新鲜的香菇肉质饱满、水分丰富，只需要稍微调味，简单烤制，就非常鲜美。

营养贴士

香菇是世界第二大食用菌，也是我国特产之一，在民间素有“山珍”之称。它富含蛋白质、B族维生素、维生素D原、铁、钾等营养元素，对食欲减退、少气乏力等有食疗效果。

TIPS

如果购买不到新鲜香菇，也可以用水发干香菇代替，提前2小时将干香菇浸泡于温水中即可。

主料：

新鲜大香菇	8朵

辅料：

食用油	2汤匙
现磨海盐	适量
孜然粉	适量

做法：

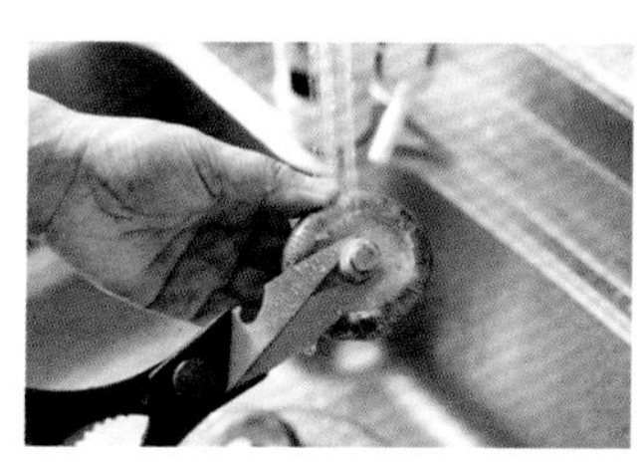

1 新鲜香菇冲洗洗净，用手揉搓内侧菌褶部分，洗好后剪去香菇蒂。

2 用厨房纸巾吸干多余水分，尤其是香菇的菌褶处。

3 烤箱预热至180℃，烤盘包裹锡纸。

4 在烤盘上倒1汤匙食用油，用毛刷刷匀。

5 将处理好的香菇菌褶朝上，整齐摆放在烤盘内。

6 用毛刷蘸取剩余的食用油，均匀刷在香菇上。

7 撒上适量的现磨海盐和孜然粉。

8 送入烤箱中层，烘烤20分钟左右。

橄榄油杏鲍菇

吃出松茸的奢华感

烹饪时间 40分钟

难易程度 简单

– 特色 –

一部《舌尖上的中国》红遍大江南北，炭烤松茸也随之名声大噪。但物稀价高，寻常百姓难以企及。不妨用便宜实惠又营养的杏鲍菇来做替代品，烤出来的滋味真的能惊艳你的味蕾呢！

营养贴士

橄榄油在地中海沿岸的国家有着几千年的历史，在西方，被誉为“液体黄金”“植物油皇后”“地中海甘露”，有着极佳的天然保健功效。

TIPS

除了黑胡椒，还可以使用孜然粉、五香粉等自己喜爱的调味粉来制作。

主料：

杏鲍菇	250克
橄榄油	3汤匙

辅料：

现磨海盐	适量
现磨黑胡椒	适量

做法：

1 杏鲍菇洗净，切去较硬的根部，用厨房纸巾吸干水分。

2 将杏鲍菇竖切成0.2厘米左右的薄片。

3 烤箱预热至180℃，烤盘包裹锡纸，用小刷子刷上1汤匙橄榄油。

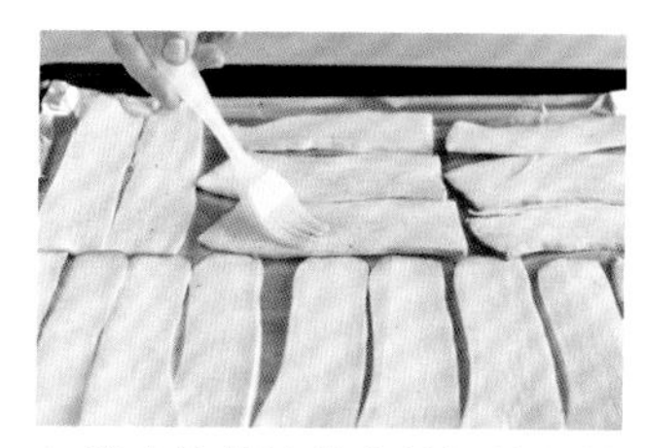

4 将杏鲍菇片整齐地摆放在烤盘上，用毛刷在杏鲍菇表面再刷上1汤匙橄榄油。

5 依照个人口味均匀地在杏鲍菇上研磨适量的现磨海盐和黑胡椒。

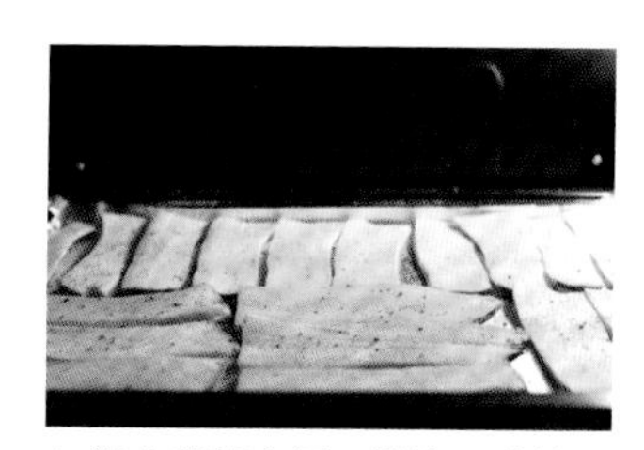

6 送入烤箱中层，烘烤10分钟。

7 取出烤盘，将杏鲍菇翻面，再用毛刷刷上1汤匙橄榄油。

8 研磨上适量的现磨海盐和黑胡椒，继续放回烤箱中层，烘烤10分钟即可。

口蘑鹌鹑蛋

鹅黄白玉焖双珍

烹饪时间 40分钟

难易程度 简单

- 特色 -

口蘑学名双孢菇，原产于欧洲及北美洲，由于内蒙古是中国口蘑最大的产地，并经由河北张家口输往内陆，所以在中国被民众称为口蘑。肉质肥美外形如汉白玉般的口蘑，搭配营养丰富的鹌鹑蛋，造型别致，做法简单，既适合做快手早餐又可用来待客。

营养贴士

鹌鹑蛋是“卵中佳品”，富含蛋白质、脂肪、维生素A及钙、铁等营养元素，有很好的滋补作用。其丰富的卵磷脂，有利于儿童大脑发育；维生素A可保护视力，缓解眼疲劳。但是鹌鹑蛋胆固醇含量较高，不宜过多食用。

TIPS

如果没有新鲜迷迭香，可以用干燥的迷迭香或者混合法式香草来代替，甚至香葱碎也可以。

主料：

口蘑	8个
鹌鹑蛋	8个

辅料：

橄榄油	1汤匙	现磨黑胡椒	适量
现磨海盐	适量	新鲜迷迭香	2根

做法：

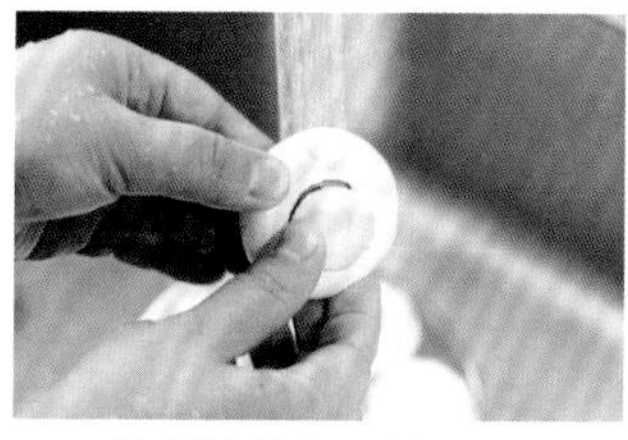

1 口蘑掰掉菌柄，放入清水中浸泡5分钟。

2 冲洗两遍，菌褶朝下，沥干水分。

3 烤箱预热至180℃；在烤盘上用锡纸团8个与口蘑差不多大小的小圆圈，将口蘑菌褶朝上摆放整齐。

4 用小毛刷将橄榄油刷在口蘑上。

5 再研磨上一层现磨海盐。

6 将烤盘送入烤箱中层，烘烤25分钟；迷迭香洗净，甩干水分，剪成3厘米左右的小段。

7 取出烤盘，将鹌鹑蛋打进口蘑菌褶处，再研磨适量的黑胡椒在鹌鹑蛋上，摆放上切好的迷迭香。

8 送回烤箱中层，继续烘烤5～8分钟即可。

牛油果焗鹌鹑蛋

高颜值的健康餐

烹饪时间 20分钟

难易程度 简单

- 特色 -

被冠以“网红”名号的牛油果，突然在中国就火了起来。健身一族的餐单晒图中，一定少不了它的身影，谁让它颜值高营养好呢？如果想在朋友圈中吸引更多的眼球，就试试把牛油果挖空，装颗鹌鹑蛋进去送入烤箱吧！

营养贴士

牛油果含有丰富的甘油酸、蛋白质及维生素，润而不腻，是天然的抗氧化剂，能够抗衰老、滋润皮肤，强韧细胞膜，延缓表皮细胞衰老的速度。牛油果还富含酶，有健胃清肠的作用，并能降低胆固醇和血脂，保护心血管系统。

主料：

牛油果	2个
鹌鹑蛋	4个

辅料：

盐	1/2茶匙
现磨黑胡椒	适量

做法：

1 牛油果洗净，从中间纵向绕果核划开。轻轻扭动牛油果，分开成为两半。

2 用小刀或勺子辅助将果核取出。

3 用勺子将牛油果肉挖出。

4 将牛油果肉加1/2茶匙盐，压成牛油果泥。

5 烤箱预热至180℃；用锡纸团4个与牛油果差不多大的锡纸圈。

6 将牛油果果皮平稳地摆放在烤盘内。

7 将牛油果泥填回果皮内，中间挖一个小坑。

8 在小坑内打一个鹌鹑蛋，研磨上适量的黑胡椒，送入烤箱中层，烘烤10分钟，鹌鹑蛋开始凝固即可。

TIPS

• 挑选牛油果时，不要选绿色果皮的，虽然看起来漂亮，但却是未成熟的果实。应该购买颜色呈灰褐色、轻捏略微发软的果实才是成熟状态。但不可过软或者有塌陷，那是熟过头或者已经坏掉的标志。

• 可按个人喜好调整鹌鹑蛋的熟度，喜欢全熟的就多烤一会儿，如果从口感建议，5~8分钟（视烤箱大小）溏心的状态最好吃。

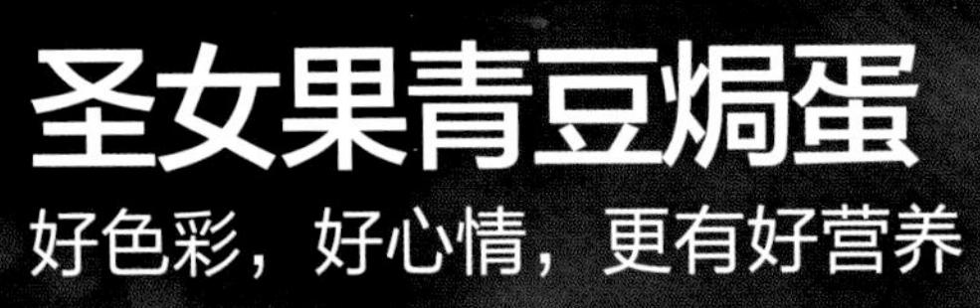

圣女果青豆焗蛋

好色彩，好心情，更有好营养

烹饪时间 30分钟

难易程度 简单

特色

水蒸蛋是每个孩子从小吃到大的营养美食，但是每次都要开火架蒸锅，是件略显麻烦的事情。有了烤箱，这都不是问题了。将打好的蛋液倒入容器中，点缀上各色食材，旋钮一转，该干嘛干嘛，“叮”的一声过后就能有漂亮又好吃的蛋羹上桌啦!

营养贴士

青豆在中国已有五千年的栽培史，其富含不饱和脂肪酸和大豆磷脂，有保持血管弹性、健脑和降血脂的作用；青豆中还含有β-胡萝卜素，可以维持眼睛和皮肤的健康，并有助于身体免受自由基的伤害。此外，青豆中富含皂角苷等抗癌成分，对癌细胞有抑制作用。

TIPS

除了圣女果和青豆，也可以加入葱花、虾仁、扇贝肉等自己喜好的食材，使烤蛋羹变得更加丰盛。

主料：

鸡蛋4	个
圣女果	8颗
速冻青豆粒	100克

辅料：

盐	1/2茶匙
淀粉	1茶匙
橄榄油	2汤匙
小磨香油	1汤匙

做法：

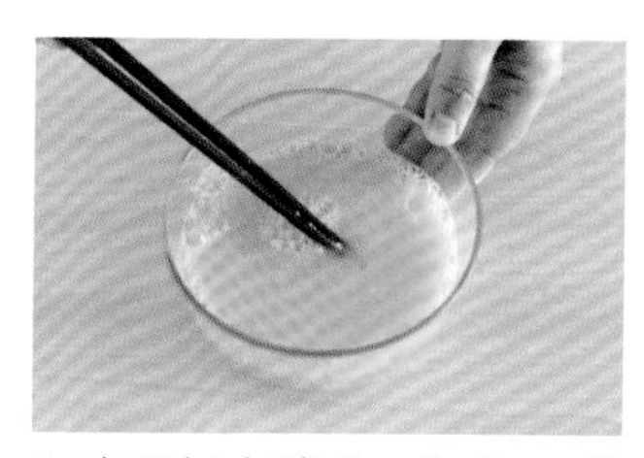

1 鸡蛋打入碗中，加入1/2茶匙盐、1茶匙淀粉，4汤匙纯净水，搅打均匀。

2 圣女果去蒂洗净，切成四瓣。

3 速冻青豆洗去浮冰，沥干水分。

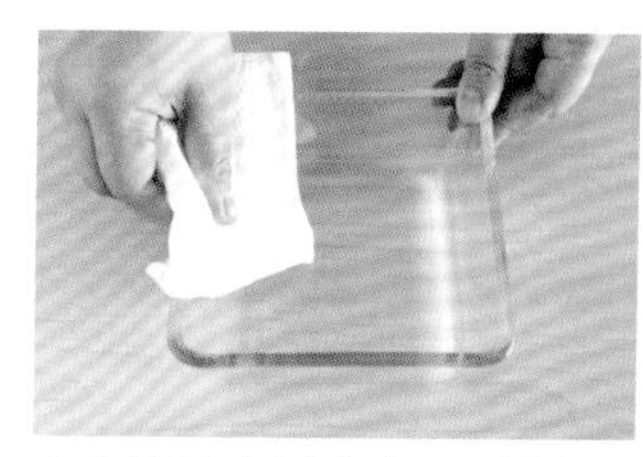

4 将烤箱专用玻璃器皿洗净，用厨房纸巾擦干水分。

5 倒入2汤匙橄榄油，用毛刷均匀地刷满整个内壁。

6 烤箱预热至180℃；将蛋液倒入涂好油的玻璃器皿中。

7 均匀撒上圣女果块和青豆粒，送入烤箱中层，烘烤20分钟。

8 取出后，淋上1汤匙小磨香油即可。

麻辣烤豆腐
烤出来的豆腐更加香
烹饪时间 30分钟
难易程度 中等

– 特色 –

豆腐是一款能够千变万化的神奇食材，有的厨师单以豆腐为主要材料就能做出满满一大桌子的菜。只要换种烹饪方式，换些调味品，豆腐就能回赠给你截然不同的口味。现在将中国传统的豆腐和调料，与西方的烹饪方式相融合，看看能碰撞出怎样的美味火花吧！

营养贴士

豆腐是我国素食菜肴的主要原料，其营养丰富，消化吸收率达95%以上，两小块豆腐，即可满足一个人一天钙的需要量。由于富含植物蛋白质，又被人们誉为“植物肉”。

TIPS

所谓南北豆腐，是指通过不同方式制作出的豆腐，购买时可向店家咨询，软的为南豆腐，较硬的为北豆腐。

主料：

北豆腐	500克

辅料：

食用油	3汤匙	生抽	1汤匙
豆瓣酱	2汤匙	花椒粉	1汤匙
盐	1/2茶匙	辣椒粉	1汤匙
白砂糖	1汤匙	香葱	1小把

做法：

1 北豆腐洗净，沥干水分，切成3厘米×5厘米，厚约1厘米的豆腐块。

2 烤盘包裹锡纸，将烤箱预热至180℃。

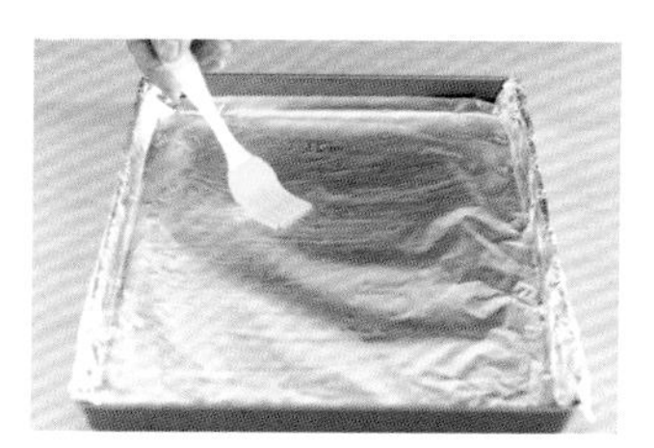

3 在烤盘上倒上1汤匙食用油，用小刷子刷均匀。

4 将豆腐块平整摆放在烤盘内，用小刷子把剩余的食用油刷在豆腐块上。

5 将盐、白砂糖、生抽、豆瓣酱、花椒粉和辣椒粉调和均匀成麻辣酱汁。

6 将酱汁淋在豆腐上，送入烤箱中层，烘烤20分钟左右。

7 香葱去根洗净，切成葱花。

8 豆腐烤好后，撒上切好的葱花即可。

Part 2
无肉不欢

Meat Dishes

孜然肉串

来，一起撸个串！

烹饪时间 1小时

难易程度 简单

- 特色 -

街头冒着滋滋油光和阵阵白烟的烤羊肉串，很少有人能抗拒得了，但背负着“肉源不安全”“制作不卫生”等枷锁，吃的时候难免会有一丝丝纠结。那么不妨在家用烤箱来制作吧！一次解决所有食品安全问题，吃得过瘾还放心！

营养贴士

孜然为调味品之王，适宜烹调肉类，也可以作为香料使用。具有安神、止痛、行气、开胃、防腐等功效，对胃寒呃逆、食欲不振、腹泻腹胀、血凝经闭等有食疗作用。

TIPS

- 选购羊肉时，最好选用带一点肥肉的，穿成串时，每串搭配一小块肥肉，口感会更香。
- 选用玉米胚芽油是因为这种油脂没有味道，经过高温烘烤之后也不会抢夺羊肉的香气。而味道比较重的橄榄油或花生油最好不要使用。

主料：

羊肉	500克

辅料：

料酒	3汤匙	孜然粒	1汤匙
生抽	少许	辣椒粉（可选）	1茶匙
孜然粉	2茶匙	玉米胚芽油	4汤匙

做法：

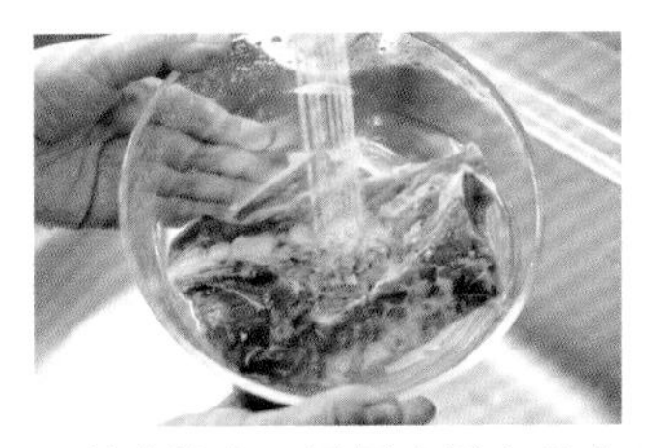

1 羊肉洗净，用厨房纸巾吸去多余水分。

2 将羊肉切成适口的小块。

3 加入料酒、生抽和孜然粉，腌渍半小时以上。

4 加入2汤匙玉米胚芽油拌匀。

5 将羊肉块用竹扦穿好。

6 烤箱预热至230℃，烤盘包裹锡纸，刷一层薄薄的油防粘。

7 将串好的羊肉放入烤盘，撒上孜然粒（辣椒粉），送入烤箱中层烤10分钟。

8 取出翻面，刷油、撒孜然粒（辣椒粉），继续烘烤10分钟即可。

孜然烤羊排

孜然+羊肉，一次吃个够！

烹饪时间 50分钟

难易程度 中等

- 特色 -

喜欢吃烧烤又担心食品安全问题？那不如在家自己烤一盘孜然羊排！干净新鲜的羊肉，尽情地撒满孜然，过足嘴瘾，吃起来再也不用纠结健康问题了！

营养贴士

羊肉能御风寒、补身体，对风寒咳嗽、虚寒哮喘、腰膝酸软、气血两亏等一切虚证均有食疗和补益效果，最适宜冬季食用，故被称为冬令补品，深受人们欢迎。

TIPS

- 购买羊排时应选择带部分肥肉的，烤出的羊排才会更加香嫩可口。
- 菜谱中的食用油应尽量选择味道较淡的油类，例如玉米胚芽油，而应避开花生油、橄榄油这类味道较重的油脂，以免影响羊排的味道。
- 盐一定不要多撒，味道如过淡可以上桌后再根据个人口味补撒，但是过咸则很难补救。

主料：

羊排	500克

辅料：

生姜	1小块	盐	适量
八角	3粒	食用油	少许
花椒	1小撮	孜然粉	适量
桂皮	半根	辣椒粉（可选）	适量

做法：

1 羊排洗净，放入电压力锅，倒入开水。

2 将生姜用刀拍松，放入锅中。

3 花椒、八角、桂皮放入调料球后用冷水冲洗一下，拧紧盖子，也放入锅中。

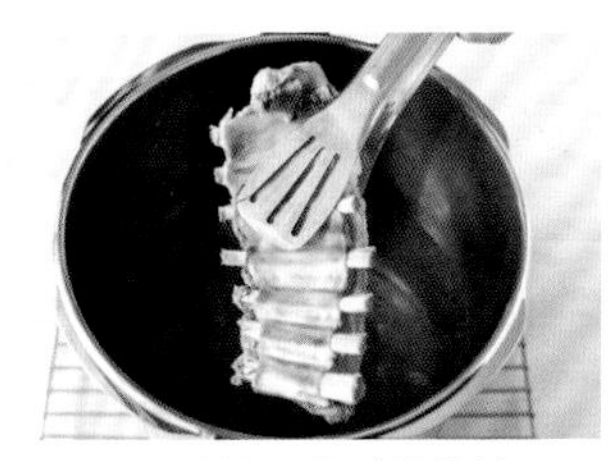

4 保压20分钟，将羊排炖熟。

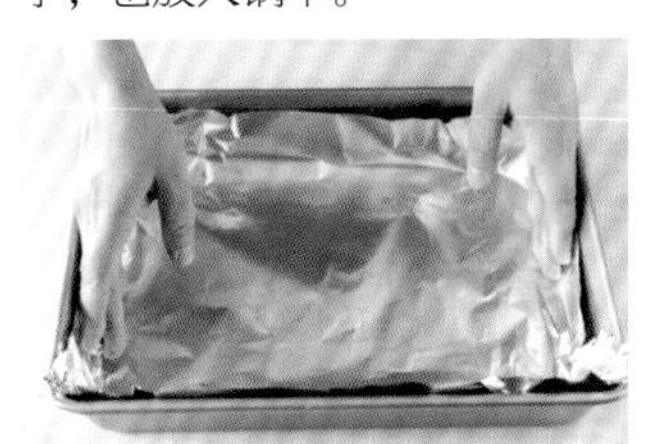

5 烤盘铺好锡纸，将烤箱预热到200℃。

6 捞出羊排，沥干水分，放入烤盘中，用毛刷刷上一层食用油。

7 撒上适量的盐和孜然粉（辣椒粉），将锡纸四周向中间包裹，将羊排包好，放入烤箱中上层，烘烤10分钟。

8 戴上隔热手套，将烤盘取出放于隔热垫上，用筷子辅助将锡纸打开，烤箱只开上火，将羊排再刷一层油，补撒一些孜然粉，送入烤箱，继续烘烤10分钟后即可取出上桌食用。

金针烤肥牛

菇滑肉香，难以抗拒

烹饪时间　40分钟

难易程度　简单

– 特色 –

半包肥牛片，一把金针菇，简单的原材料，放进烤箱，立刻变出一盘混着菇香和肉香、滑嫩解馋的金针烤肥牛，配上一碗白米饭，吃得超满足！

主料：

肥牛片	200克
金针菇	300克

辅料：

盐	1/2茶匙
花生油	2汤匙
郫县豆瓣酱	1汤匙

做法：

1 金针菇淘洗干净，不要切去相连的根部。

2 烧开一锅水，加入1/2茶匙盐。

3 放入金针菇，煮至金针菇变软，捞出沥干水分备用。

4 炒锅烧热，加入2汤匙花生油，放入郫县豆瓣翻炒半分钟，加入少许开水，将酱汁稀释至浓稠可流动的状态。

5 将烫好的金针菇切去相连的根部，整齐地摆放入锅内，用筷子辅助，使金针菇上裹满调料酱汁。

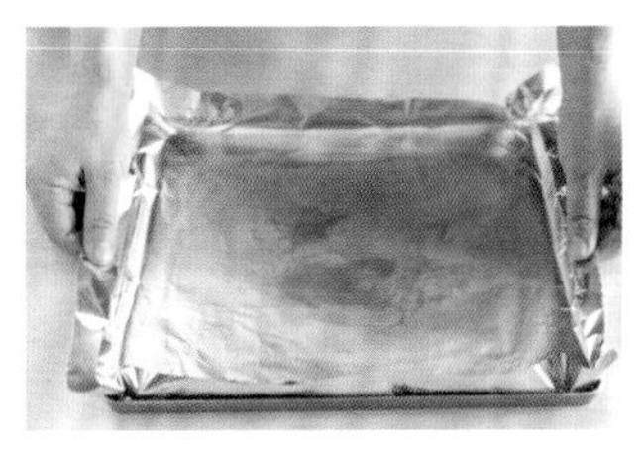

6 烤箱预热至180℃；烤盘包裹锡纸。

7 取一片肥牛片，放上适量的金针菇，卷起后摆放在烤盘内。

8 全部摆放好后，将金针菇内剩余的酱汁淋在烤盘上，送入烤箱中层，烘烤15分钟。

营养贴士

金针菇中的氨基酸含量非常丰富，高于一般菇类，尤其是赖氨酸的含量特别高，具有促进儿童智力发育的功能。此外，它还含有一种叫朴菇素的物质，能增强机体对癌细胞的抗御能力，经常食用，还能够降低胆固醇，预防肝脏疾病和肠胃道溃疡。

TIPS

除了郫县豆瓣，也可以用别的酱来调味，例如黄豆酱、蒜蓉辣酱等。可以依照个人口味来选择。

古早味牛肉干

传承经典滋味

烹饪时间　约1天

难易程度　高级

– 特色 –

儿时的牛肉干，最是馋人。在那个物资匮乏的年代，能吃上一包总是倍感珍惜和满足。用传统的古法，自制一大盘健康的牛肉干，为儿时的记忆解解馋吧！

主料：

牛腱肉	1000克

辅料：

葱白	1根	生抽	2茶匙
姜	3片	老抽	2茶匙
八角	3颗	绵白糖	2茶匙
花椒	1茶匙	蚝油	1汤匙
香叶	3片	五香粉／	
料酒	3茶匙	咖喱粉	1/2茶匙

做法：

1 牛肉切成大块，放入盆中，浸泡出血水。

2 将牛肉放入砂锅，倒入没过牛肉至少2厘米的清水。

3 加入切成段的葱白、姜片、香叶、八角、花椒、2茶匙料酒。

4 大火烧开后，转小火炖1～1.5小时。

5 炖好的牛肉捞出，晾凉，切成0.5厘米厚的牛肉片。

6 将生抽、老抽、绵白糖、蚝油、1茶匙料酒放入小碗中，喜欢五香口味的加五香粉，喜欢咖喱口味的加咖喱粉，调和均匀。

7 将切好的牛肉片放入调味汁中浸泡过夜。

8 烤箱200℃预热；烤盘铺上锡纸，放入沥去调味汁的牛肉片，烤20分钟后取出翻面，继续烤20分钟即可。

营养贴士

牛肉中的肌氨酸含量高，它对增长肌肉、增强力量特别有效，热爱健身的人群宜常吃牛肉。常吃牛肉，还能提高机体抗病能力，对手术后、病后调养的人在补充失血和修复组织等方面特别适宜。

TIPS

- 花椒和八角可以用专门的不锈钢调料盒装好再放入锅中，这样牛肉炖好捞出时不会沾上调料。
- 炖牛肉的时间决定牛肉干的口感，喜欢有嚼劲的就少炖一会儿（1小时左右），喜欢入口即溶的口感就多炖一会儿，一个半小时或是更久一些。

红酒烤牛排

当红酒遇上牛肉

烹饪时间　45分钟

难易程度　中等

- 特色 -

醇香的红葡萄酒，是法国人的骄傲。以红酒入馔，则是法国人对食材极大的尊重。这道菜最好使用干红来制作。当然，这也是消化已开瓶但未能及时饮用完毕的葡萄酒的好办法。

营养贴士

红酒中含有的抗氧化物质，能够加快新陈代谢，有效避免皮肤色素沉着、肤色暗沉、皮肤松弛、长皱纹等问题。另外，红酒还能够帮助去角质，有效嫩白肌肤。而红酒中的白藜芦醇则有预防癌症和糖尿病，以及促进心脏健康的功效。

TIPS

• 如果用的是市售包装好的方便牛排，一般已做过处理，所以不需要步骤2即可直接操作。

• 选购制作牛排的牛肉时，菲力（filet）是最适宜家庭制作的，这是牛的里脊部位，肉质细嫩无筋。

主料：

牛排	2块
红酒	100毫升

辅料：

黄油	20克	市售黑椒汁	2汤匙
盐	1克	淀粉	1茶匙
现磨黑胡椒	适量		

做法：

1 牛排洗净，用厨房纸巾吸去多余水分。

2 用肉锤敲打，使牛排肉质变得疏松而柔软。

3 在牛排两面都抹上薄薄一层黄油。

4 撒上少许盐和适量的现磨黑胡椒。

5 烤箱预热至230℃，用锡纸将每块牛排单独包起，分别倒入约25毫升的红酒。

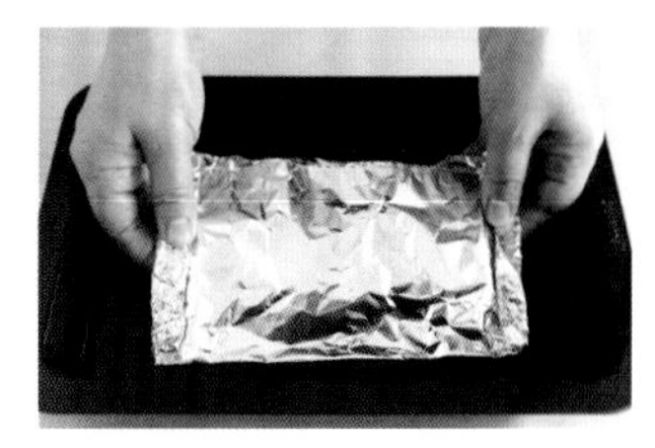

6 将锡纸包裹紧实，放入烤盘，置于烤箱中层，烘烤25分钟。

7 取出烤盘，打开锡纸，将牛排取出置于餐盘上。

8 炒锅加热，将锡纸内剩余的红酒肉汁、2汤匙黑椒汁一并倒入；再将剩余的50毫升红酒和淀粉调匀，也加入炒锅内，小火边搅拌边熬煮，关火后淋在烤好的牛排上即可。

黑椒洋葱牛肉粒

牛肉三剑客

烹饪时间 50分钟

难易程度 简单

- 特色 -

与牛肉最为搭配的，莫过于洋葱和黑胡椒了。当你吃腻了炒牛肉、铁板烧牛肉，不妨用烤箱来制作这道菜，会带来截然不同的味觉体验。

营养贴士

胡萝卜素有“小人参”之称，富含胡萝卜素、维生素、花青素、钙、铁等营养成分。美国科学家研究证实：每天吃两根胡萝卜，可使血中胆固醇降低10%～20%；每天吃三根胡萝卜，有助于预防心脏疾病和肿瘤。

主料：

洋葱	2个
牛肉	500克
胡萝卜	1根

辅料：

盐	适量
现磨黑胡椒	适量
料酒	3汤匙
橄榄油	3汤匙

做法：

1 牛肉洗净，先切成2厘米厚的大片。

2 放于案板上，用肉锤在两面分别敲打1分钟。

3 用刀切分成边长与厚度相等的正方体小块。

4 将牛肉块放入碗中，加入料酒腌渍片刻。

5 洋葱切去两端，剥去外皮，洗净后切成约0.5厘米粗的洋葱丝；胡萝卜洗净，去根，斜切成厚度约0.2厘米的薄片。

6 烤箱预热到230℃；烤盘包好锡纸，倒入橄榄油，轻轻晃动，使橄榄油布满整个烤盘。

7 将腌渍好的牛肉块、切好的洋葱丝和胡萝卜片，撒上适量的盐和现磨黑胡椒，将烤盘像掂锅一样掂几下，使食材都能均匀裹上油分和调料，送入烤箱中层，烘烤20分钟左右即可。

TIPS

- 购买牛肉时，可选择带有少许肥肉的部分，避开牛筋过多的部位，这样烤出的牛肉口感更好。
- 烤制中途也可以戴上隔热手套取出烤盘，将烤盘再掂几下给食材翻面，烤制的火候会更均匀。
- 如果女生臂力小或者掂烤盘不好掌握，可以用筷子或硅胶铲、木铲等辅助给食材翻面。

蜜汁烤肋排

你是我甜蜜的肋骨

烹饪时间　1小时

难易程度　中等

– 特色 –

肋排的美味不需要过多描述，用蜜汁调味，和爱的人一起分享，像创世纪中，亚当与夏娃一般甜蜜吧！

主料：

猪肋排	1000克
蜂蜜	100克

辅料：

料酒	3汤匙	花椒	1茶匙
生抽	3汤匙	八角	3颗
老抽	1汤匙	香叶	3片
葱白	1根	盐	1茶匙
生姜	1块	脱皮白芝麻	1汤匙

做法：

1 肋排洗净，斩成小块，放入开水中汆烫3分钟，撇去浮沫，捞出备用。

2 另起一锅，加入1500克左右的水，以及除白芝麻外的所有辅料。

3 烧开后放入肋排，转小火保持沸腾，炖30分钟左右。

4 捞出排骨备用。将煮排骨的汤汁过滤到平底锅中。

5 用中火将汤汁熬至浓稠。

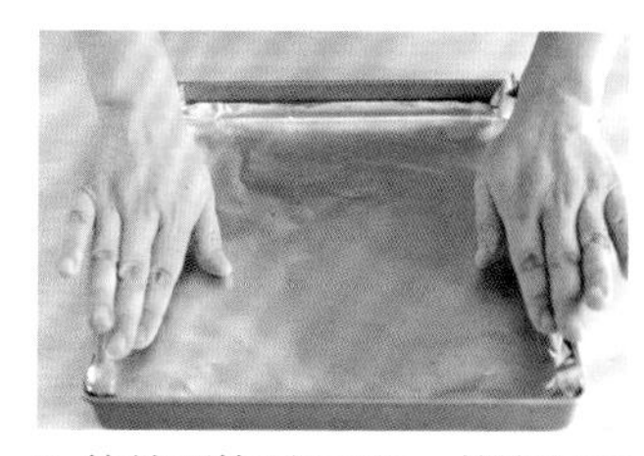

6 烤箱预热至200℃；烤盘包裹锡纸。

7 将煮好的肋排放入烤盘，倒入收浓的汤汁。

8 用毛刷刷一层蜂蜜，撒上白芝麻，置于烤箱中层，烘烤15分钟即可。

营养贴士

蜂蜜是一种营养丰富的天然滋养品，含有与人体血清浓度相近的多种矿物质、维生素、有机酸，以及果糖、葡萄糖、淀粉酶、氧化酶、还原酶等，具有润燥解毒、美白养颜、润肠通便之功效，同时还能消除疲惫、润肠通便、杀灭细菌。

TIPS

排骨可以一次多煮一些，连汤汁一起冻入冰箱，需要制作这道菜时取出再烤即可，排骨经过腌渍也会更加入味。

蒜香烤肋排

待客自食两相宜

烹饪时间　约4小时

难易程度　中等

- 特色 -

一根根细细的肋排，配上满满的蒜蓉、浓郁的番茄酱汁，经过高温烘烤，散发着浓郁的蒜香，再撒上白芝麻，既满足了自己，又盛飨了宾朋。

营养贴士

猪肋排肉质鲜香，中医认为它可入脾、胃、肾经，具有补肾养血、滋阴润燥、防便秘、止消渴的功效。

TIPS

- 长条形的肋排摆盘会更加好看，适合宴客，如果日常食用，可以请商家斩成3~5厘米的小块，更加适口，也更容易烤熟和入味。
- 如果时间允许，将排骨用调味汁腌渍过夜，味道更加香浓。

主料：

小肋排	1000克
大蒜	2头

辅料：

食用油	2汤匙	番茄酱	1汤匙
生抽	2茶匙	料酒	1汤匙
蚝油	2汤匙	脱皮白芝麻	1汤匙
绵白糖	2茶匙		

做法：

1 排骨斩成约10厘米长的块，洗净，浸泡出血水。

2 取1头大蒜，洗净去皮，压成蒜蓉。

3 将蒜蓉、生抽、蚝油、绵白糖、番茄酱、料酒搅拌均匀。

4 排骨沥干水分，放入步骤2的调味汁中，腌渍3小时以上。

5 取另一头蒜，洗净去皮，压成蒜蓉；炒锅烧热，加入食用油，放入蒜蓉炒出香味，关火备用。

6 烤箱预热至230℃；烤盘铺上锡纸，将腌渍好的排骨放在锡纸上，倒上调味汁，撒上一半量炒好的蒜蓉。

7 撒上一半量的脱皮白芝麻，放入烤箱烘烤30分钟。

8 取出烤盘，将排骨翻面，撒上剩余的蒜蓉和白芝麻，再送回烤箱续烤10分钟左右即可。

港式叉烧肉

香浓粤式美味

烹饪时间 腌渍1晚+烹饪50分钟

难易程度 简单

- 特色 -

叉烧肉堪称是港式粤菜的代表了，TVB的每一部现代剧几乎都会有它的身影，总是看得人直流口水。现在，你可以在家自制一份完美的喷香的叉烧肉，好好祭下肚子里的馋虫啦！

主料：

猪前腿肉	1000克	叉烧酱	100克

辅料：

料酒	2汤匙	大蒜	4瓣
蜂蜜	2汤匙	葱白	1小段

TIPS

烘烤的时间要根据猪肉的大小和形状来调整，可以用小刀切下一点来观察火候。“三分肥七分瘦”是叉烧的黄金比例，选购时尽量以此为标准来挑选食材。

做法：

1 猪肉洗净，用厨房纸巾擦干多余水分，放入干净的保鲜盒内。

2 大蒜去皮，压成蒜泥。

3 葱白斜切成薄片。

4 叉烧酱、料酒、蜂蜜、蒜泥一并放入小碗，调和均匀，浇在保鲜盒内。

5 撒上葱白，用筷子将肉、葱和酱汁翻匀，放入冰箱冷藏过夜。

6 将保鲜盒从冰箱取出，打开盖子回温；烤箱预热至200℃；烤盘包裹锡纸。

7 在包好锡纸的烤盘上架上烤网，将腌渍好的猪肉沥干汁水，放在烤网上，用毛刷刷一遍腌汁，送入烤箱中层，烘烤20分钟。

8 取出烤盘，将猪肉翻面，再刷一遍腌汁，继续烘烤20分钟左右即可。

古法猪肉脯

古法手作，美味健康

烹饪时间 30分钟

难易程度 中等

– 特色 –

当厦门鼓浪屿上的游客日益增多，岛上著名的古法猪肉脯也开始红遍了大江南北。现在你可以尝试在家自制了，一点也不难，而且没有任何添加剂哦！

主料：

猪里脊肉	500克	脱皮白芝麻	30克

辅料：

盐	1茶匙	生抽	2汤匙
料酒	1茶匙	蜂蜜	50克

TIPS

- 里脊肉要剁成细细的肉糜，注意要反复剁至有黏性看不见肉粒为佳。
- 根据家用烤箱的大小，放置肉馅时注意分量，以擀平后不超过2毫米为佳。

做法：

1 将里脊肉洗净，沥干水分，切成小块，剁成肉糜。

2 在肉糜里加入盐、料酒、生抽，用筷子使劲搅打至调料完全吸收均匀，且肉质有弹性和黏度。

3 烤箱预热至200℃，裁剪一张和烤盘一样大小的锡纸，放上肉馅。

4 覆盖上一张保鲜膜，然后用擀面杖将肉馅擀平，注意保持厚薄一致。

5 蜂蜜加少许纯净水稀释，撕掉保鲜膜，用刷子刷上一层蜂蜜水。

6 撒上白芝麻，送入烤箱中层，烤10分钟左右。

7 取出烤盘，将猪肉脯翻过来，撕掉锡纸，刷上蜂蜜水，撒白芝麻，送入烤箱继续烘烤10分钟。

8 出炉后放在烤网上晾凉，切片即可。

香麻烤里脊

麻在唇，香在口

烹饪时间　腌渍1晚+烹饪35分钟

难易程度　中等

– 特色 –

嫩滑的里脊肉经过烤制，肉汁香浓，再加上外面裹满的香料和芝麻，烤好后切成厚片，看着就特别过瘾，摆拍一下发个朋友圈，绝对能吸足眼球。

主料：

里脊肉	500克

辅料：

料酒	2汤匙	油	1汤匙
生抽	1汤匙	五香粉	1茶匙
盐	1/2茶匙	花椒粉	2茶匙
老抽	1/2茶匙	脱皮白芝麻	1汤匙

TIPS

如果喜欢辣椒，还可以在裹花椒粉的步骤中加一些辣椒粉在案板上。

做法：

1 里脊洗净，用厨房纸巾吸去多余水分。

2 将料酒、生抽、老抽、盐、五香粉、油混合调匀，与里脊肉一同放入保鲜袋中，封紧袋口，置于冰箱冷藏过夜。

3 提前1小时将里脊肉从冰箱拿出回温，沥去汁水但不要丢弃，稍后还会用到。

4 在案板上撒上花椒粉和脱皮白芝麻，将里脊肉放置于上滚动，使表面裹满调料。

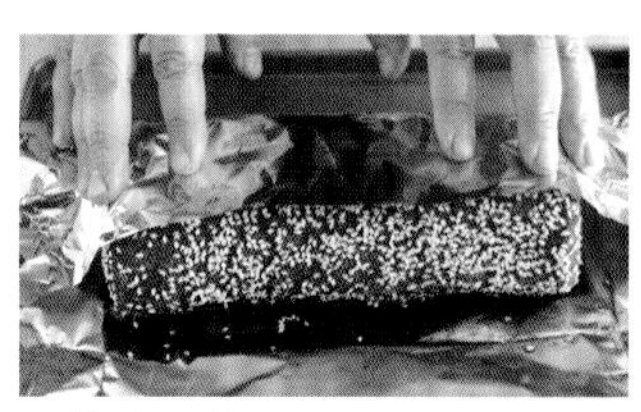

5 烤箱预热至200℃；用锡纸将里脊肉包裹起来，将腌汁一并倒入，包裹紧实后置于烤箱中层，烘烤25分钟。

6 取出烤盘，待稍微冷却后揭开锡纸，取出里脊肉条，切成小片即可摆盘食用。

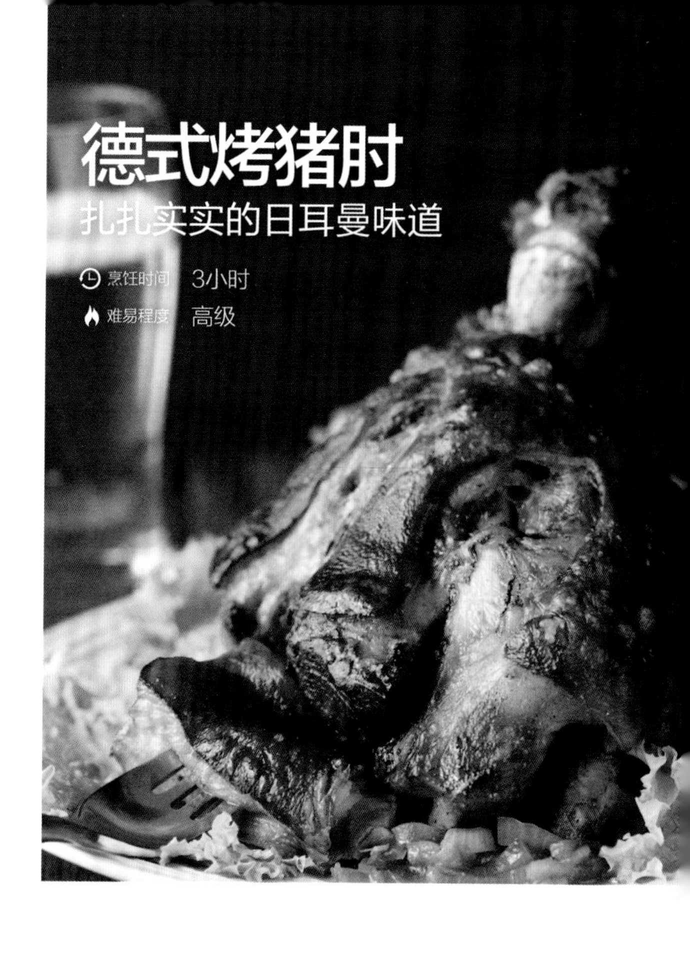

德式烤猪肘

扎扎实实的日耳曼味道

烹饪时间　3小时

难易程度　高级

– 特色 –

务实的德国人，在美食上也淋漓尽致地延续了他们的风格：誉满全球的猪肘、香肠和啤酒，都是扎扎实实的硬菜。在有球赛的夜晚，给另一半准备一份德式烤猪肘，再备上几听啤酒，让他尽情地做个忘我的大男孩吧！

主料：

猪前肘	1个	啤酒	1罐
洋葱	2个		

辅料：

橄榄油、盐	各适量	大蒜	1头
小茴香粉	2茶匙	现磨黑胡椒	适量

TIPS

- 视烤箱和食材的体积灵活调整烤制时间，宗旨是将猪肘烤得熟透而不焦煳。
- 中途取出烤盘刷油时，注意观察烤盘中剩余的汁水是否充足，如果喜欢多一点汁水，可以酌量再添一些啤酒。

做法：

1 猪肘洗净擦干；大蒜去皮，压成蒜泥，加2茶匙盐，1茶匙小茴香粉，调匀，涂抹在猪肘表面。

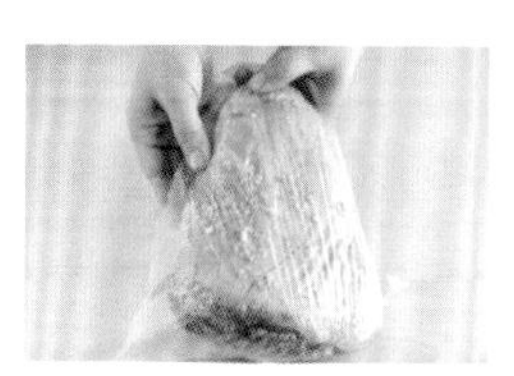

2 将猪肘放入保鲜袋，置入冰箱冷藏腌渍1小时（过夜更好）。

3 将腌渍好的猪肘从冰箱取出；烤箱预热到210℃；洋葱去皮切丝。

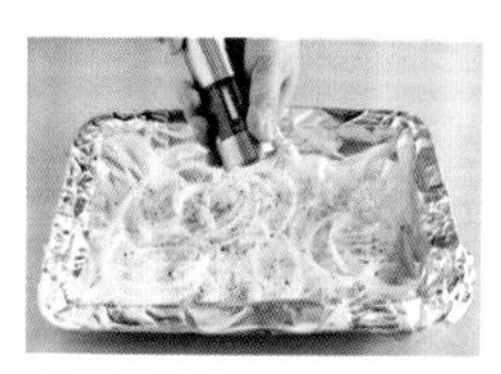

4 烤盘包锡纸，铺上洋葱丝，撒上适量的盐、黑胡椒和剩下的1茶匙小茴香粉。

5 猪肘大头朝下，用小刀竖着从底部向上在外皮划几道约3厘米的小口，放入烤盘，倒入啤酒。

6 再覆盖一层锡纸，将整个烤盘严实包裹住，放入烤箱中层烤1小时。

7 取出烤盘，打开锡纸，在猪肘上刷一层橄榄油，再用叉子叉几个小孔，不再覆盖锡纸，继续烘烤1小时左右。

8 用小刀或叉子能轻易插透猪肘即为烤好；将猪肘及洋葱另外装盘，剩余的腌汁过滤后煮至略浓稠，浇在猪肘上。

广式脆皮烧肉

无法抵抗的肉香

烹饪时间　约1天

难易程度　高级

\- 特色 -

烧肉是广式烧腊店的必备招牌，烤好的脆皮烧肉金灿灿、香喷喷，深受食客们喜爱，并赋予了它很多喜庆的名字，如“红运当头”“金玉满堂”等。一块烤得成功的脆皮烧肉，可以品尝出三种口感：肉皮的酥脆、脂肪的柔软、瘦肉的甘香。

主料：

带皮猪五花肉	1大块

辅料：

葱白	1根
姜	3片
八角	3颗
花椒	1茶匙
料酒	1汤匙
盐	少许
五香粉	少许
食用小苏打	少许
蘸料	适量

营养贴士 

五花肉不止能够解馋，它所提供的优质蛋白质、脂肪酸、血红素铁和能促进铁吸收的半胱氨酸，对缺铁性贫血有着很好的食疗效果，还可以滋阴润燥、补肾养血。

TIPS

- 蘸料可以选择泰式甜辣酱、甜面酱、冰花梅酱等自己喜欢的口味。
- 烘烤过程中，肉皮会有煳掉的部分，用刀刮掉后刷上一层食用油，补烤10分钟即可。

做法：

1 猪五花肉洗净，放入开水中大火汆烫5分钟后捞出。

2 将汆烫好的五花肉放入砂锅中，加入没过肉块的清水；放入切好的葱白、姜片、八角和花椒以及料酒，大火烧开后转小火，炖30分钟左右。

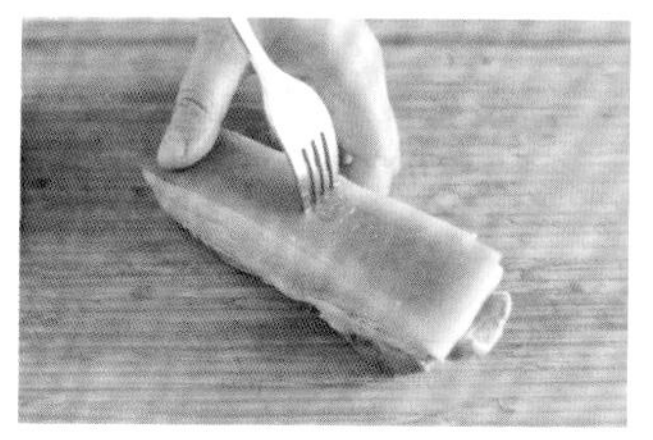

3 将炖好的猪肉捞出，用叉子或竹扦在肉皮上扎满小孔。

4 翻面，在瘦肉面用刀每隔3厘米切一刀，仅切开瘦肉部分即可。

5 在瘦肉面撒上盐、五香粉，抹匀，包括侧面及切开的缝隙也要抹到。

6 用竹扦将瘦肉部分穿起、固定，在肉皮上抹少许盐后再抹上薄薄一层食用小苏打。

7 肉皮朝上，用锡纸将肉块的底部及四周包裹起来，露出肉皮部分，放入冰箱冷藏过夜。

8 第二天提前从冰箱取出后恢复室温，放入烤盘送入烤箱以230℃烘烤30分钟左右即可；放凉后切成小块，蘸料食用。

韩式秘制烤五花肉

无需舔屏，过足肉瘾

烹饪时间 1小时

难易程度 简单

- 特色 -

韩剧中频频出现的烤肉，赚了韩剧迷们多少口水？现在掌握了这个秘制食谱，再也不用舔屏了，自给自足，过足肉瘾！

主料：

猪五花肉	500克

辅料：

韩式辣酱	2汤匙	蜂蜜	3汤匙
大蒜	3瓣	生抽	1汤匙
生姜	3片	脱皮白芝麻	1汤匙

做法：

1 生姜洗净，剁成姜蓉；大蒜洗净去皮，压成蒜蓉。

2 将姜蓉、蒜蓉放入大碗中，加入韩式辣酱、蜂蜜、生抽，搅拌均匀。

3 五花肉洗净，用厨房纸巾吸干水分，切成厚度不超过1厘米的小片。

4 将五花肉片放入步骤2调好的调味汁中，撒上1汤匙脱皮白芝麻，翻拌均匀，腌渍半小时，期间经常翻拌，保证肉片均匀浸泡在腌汁内。

5 烤箱预热至180℃；烤盘包裹锡纸。

6 将肉片摆放在烤盘内，浇上调味汁。

7 放入烤箱中上层，烘烤10分钟。

8 取出翻面，再续烤10分钟即可。

营养贴士

不要小看烹饪时加入的一点白芝麻，它的作用可不止为菜品增香这么简单，白芝麻中含有的亚油酸具有调节胆固醇的作用，而丰富的维生素E是很好的皮肤保养剂，此外，白芝麻还具有补血明目、祛风润肠、益肝养发的作用。

TIPS

选购五花肉时，应尽量选择肥瘦均匀、层次丰富的肉块，口感才会更好。

法式番茄酿肉

吃出法式精致范儿

烹饪时间 40分钟

难易程度 中等

– 特色 –

这是一道经典的法式家常菜，经过高温烘烤，番茄的清新酸味，混着阵阵肉香，着实诱人。

主料：

番茄	4个	洋葱	1个
猪肉末	250克		

辅料：

盐、红酒	各1茶匙	大蒜	4瓣
黑胡椒粉	1茶匙	奶酪粉	1汤匙
橄榄油	2汤匙	新鲜迷迭香	少许
普罗旺斯混合香料			1茶匙

TIPS

- 除了猪肉，法国人也常用羊肉、牛肉来做这道菜。
- 如果没有新鲜迷迭香，也可以用罗勒来代替，甚至香葱切碎撒上也可以。

做法：

1 猪肉末放入小碗中，加入盐和红酒，搅拌均匀。

2 番茄洗净，从距蒂1.5厘米左右处横切开，用勺子掏出果肉，保持外形完整。

3 洋葱去皮，用切碎机切成小丁；大蒜去皮，用压蒜器压成蒜蓉。

4 炒锅烧热，加入2汤匙橄榄油，倒入蒜蓉爆香，然后倒入洋葱粒，转中火翻炒1分钟。

5 倒入肉馅，继续翻炒至肉馅熟透，洋葱变透明。

6 加入掏出的番茄肉、黑胡椒粉和普罗旺斯混合香料，中火翻炒至番茄汁收干。

7 烤箱预热至200℃，烤盘包裹锡纸；将炒好的肉馅用勺子塞入番茄中，送入烤箱中层，烘烤10分钟。

8 取出烤好的番茄酿肉，撒上奶酪粉，点缀上新鲜的迷迭香即可。

- 特色 -

鸡米花那香香的味道，外酥里嫩的口感，不单是孩子们喜爱，大人们也难以抵抗。

主料：

鸡胸肉	1块	鸡蛋	1个

辅料：

盐	1茶匙	玉米淀粉	适量
黑胡椒粉	1茶匙	墨西哥玉米片	30克

TIPS

- 如果买不到墨西哥玉米片，可以用薯片代替，但是热量会稍高一些。
- 面包糠因为大多是白色的，不经油炸仅用烤箱很难出现诱人的金黄色，所以不推荐使用。
- 烤好后的鸡米花可以拿出一个先捏一下，过软就是还没烤熟，软硬适中，咬开后没有血丝即可。

无油鸡米花

谁说我是垃圾食品

烹饪时间 30分钟

难易程度 中等

做法：

1 鸡胸肉洗净擦干，切成适口的小块。

2 加入盐和黑胡椒粉腌渍片刻。

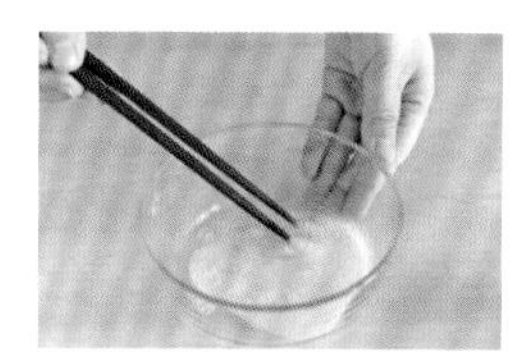

3 鸡蛋打散，放入小碗中备用。

4 玉米淀粉放入小碗中备用。

5 墨西哥玉米片装入保鲜袋，用擀面杖擀碎，放入小碗中备用。

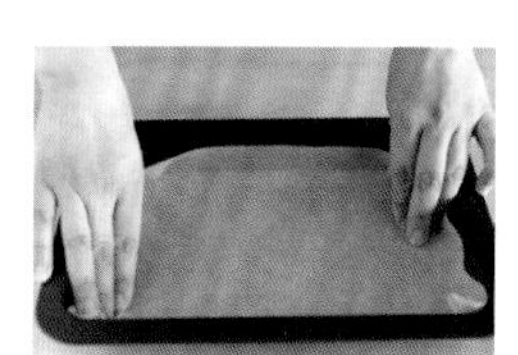

6 烤箱预热至200℃；烤盘铺上防粘的油纸。

7 将腌渍好的鸡肉块按照蛋液－淀粉－玉米片碎的顺序蘸取包裹好，然后放入烤盘。

8 送入烤箱，以200℃烘烤12～15分钟，至鸡米花变成诱人的金黄色即可。

八珍烤鸡

重现记忆中的美味

烹饪时间　腌渍1天+烹饪1小时

难易程度　高级

– 特色 –

20世纪80年代，八珍烤鸡十分有名，看似普通的烧鸡内塞满了各式食材，深受人们的喜爱。如今却很难寻到它的踪影，但是它的美味和营养却不该被遗忘。给家中老人做一只八珍烤鸡贺寿，保准寿星会喜笑颜开，孩子们也会爱上它的味道！

主料:

三黄鸡	1只
香菇	6朵
水发木耳	适量
笋丁	适量

辅料:

炖料:

枸杞子	5克	陈皮	2克	生姜	1小块
黄芪	4克	天麻	3克	料酒	3汤匙
红参	2克	小茴香	2克	生抽	100毫升
灵芝	3克	豆蔻	3克	老抽	2茶匙

炒料:

盐	1茶匙
绵白糖	1汤匙
花生油	适量

营养贴士

香菇富含B族维生素、维生素D原、蛋白质及铁、钾等矿物质。香菇中的麦角固醇对防治佝偻病有效，香菇多糖能抑制癌细胞的生长，并且香菇中含有六大酶类的四十多种酶，可以纠正人体酶缺乏症。

TIPS

• 用过的八珍汤可以加热后继续使用，或者用来下面条都是不错的选择。

• 用于填充的蔬菜可以根据个人喜好选择：青豆、口蘑、杏鲍菇、胡萝卜等都可以。

做法:

1 将炖料中的所有香料及中药材过水清洗一下，然后放入锅中。

2 加入生抽、老抽、生姜和料酒，再加入2升水。大火烧开后转小火煮约5分钟，关火，待汤汁冷却。

3 三黄鸡剖洗净，放入冷却后的八珍汤中浸泡，封上保鲜膜，置于冰箱储藏24小时。使用时提前1小时拿出回温。

4 香菇及木耳泡发后清洗干净，切成小块；笋片清洗干净，切成小块。

5 炒锅内加花生油，倒入香菇、木耳及笋丁，大火爆炒，加盐和白糖调味。

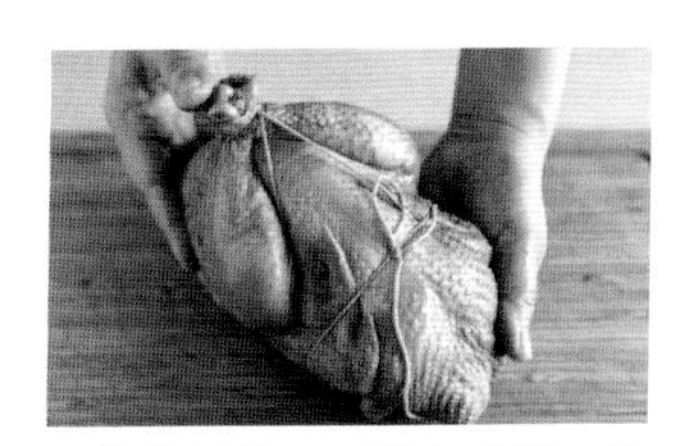

6 将炒好的三丁塞入鸡腹，用绳子将整鸡捆结实。

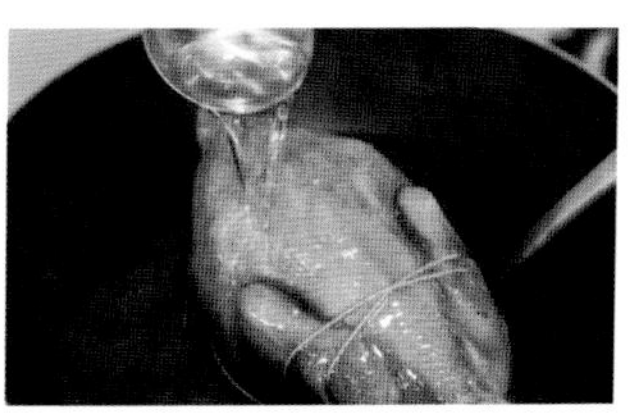

7 放入烧至七成热的油锅内，炸至表皮略呈金黄色，捞出控油。

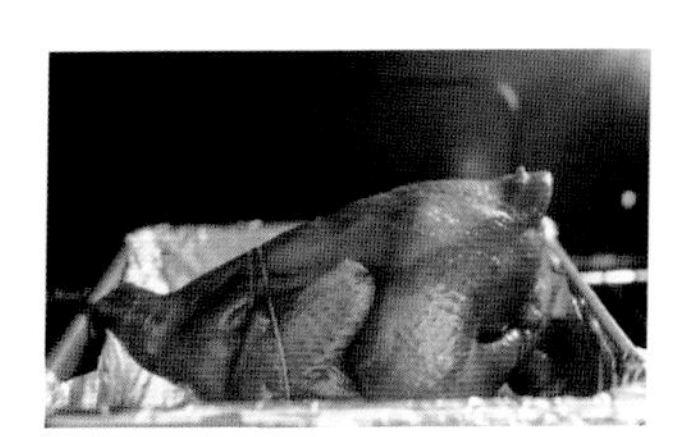

8 烤箱预热至180℃，烤盘包裹锡纸，将炸好的整鸡放入，置于中下层，烘烤30分钟左右，斩件，搭配炒好的蔬菜装盘即可。

普罗旺斯烤鸡

来自蔚蓝海岸的味道

烹饪时间　1小时45分钟

难易程度　简单

- 特色 -

烤鸡随处可见并不稀奇，但是以法国南部普罗旺斯地区出产的混合香料制作而成的烤鸡，一定能给你耳目一新的感觉，无论是家宴，还是飨客，这道菜都能给你长足脸面。

营养贴士

法国南部的普罗旺斯盛产香草，混合的香料是由小茴香、迷迭香、百里香、罗勒、薰衣草等组成，不仅能为食物增添迷人的香气，还具有调理肠胃、改善人体血液循环、镇静安神等作用。

TIPS

- 腌渍三黄鸡的小盆不宜过大，这样酱料才能高高地没过鸡肉。
- 用来烤鸡的烤箱切忌过小，否则距离上加热管过近会导致鸡肉烤煳；如果只有小型烤箱，也可以提前将鸡分割成小块再烤制。
- 切掉的鸡脖和鸡爪可以用保鲜袋包好后放入冰箱冷冻，以后用来炖高汤。

主料：

三黄鸡　1只

辅料：

普罗旺斯混合香料	适量	陈醋	2汤匙
味极鲜	2汤匙	黄油	30克
白砂糖	1汤匙	料酒	3汤匙

做法：

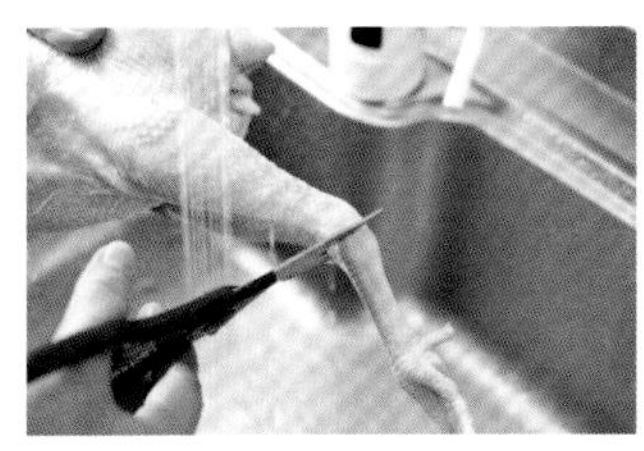

1 三黄鸡洗净，用镊子仔细处理未清理干净的鸡毛，切掉鸡脖和鸡爪，晾干水分。

2 将味极鲜、白砂糖、陈醋、料酒混合均匀，搅拌至白砂糖溶化。

3 将步骤2调好的酱料倒入小盆中，放入清理好的三黄鸡，腌渍半小时。

4 将鸡翻面，继续腌渍半小时。

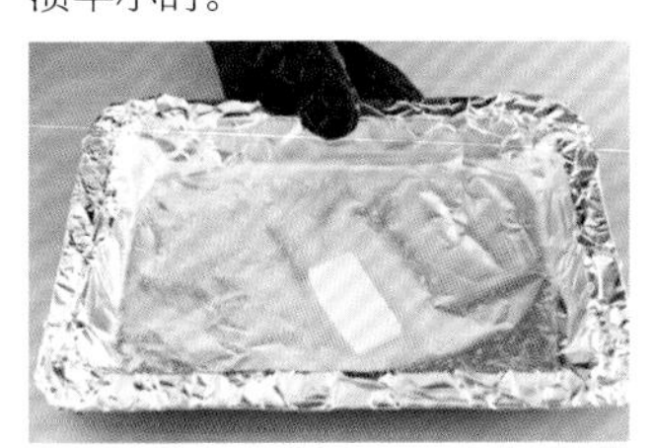

5 烤箱预热至220℃，烤盘铺好锡纸，将黄油放入烤盘，烤化成液体后戴上隔热手套，轻轻晃动烤盘使黄油均匀布满锡纸。

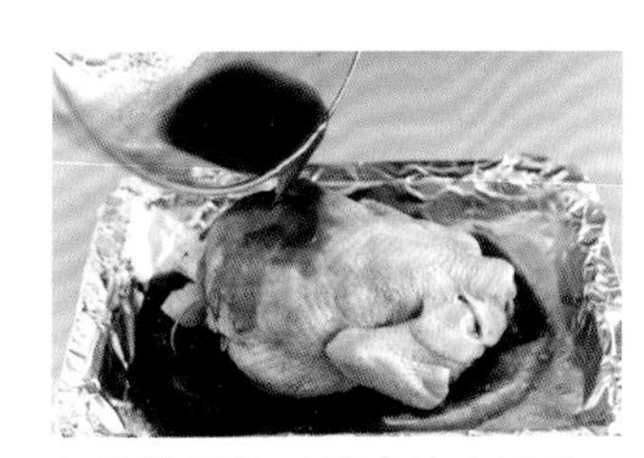

6 将腌好的三黄鸡放入烤盘，腌汁也一并倒入。

7 撒上适量的普罗旺斯香料，送入烤箱中层，烘烤约20分钟。

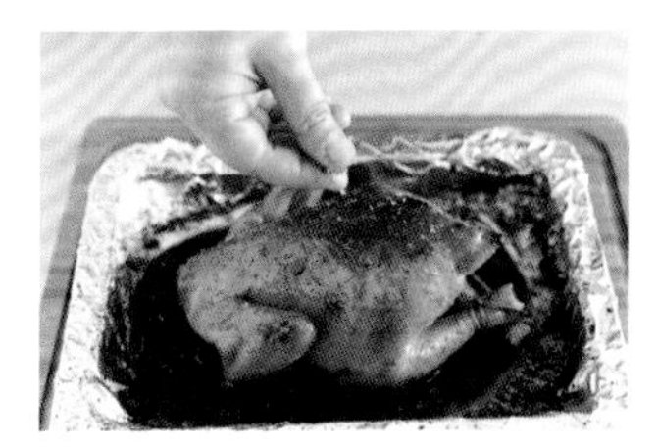

8 戴上隔热手套，取出烤盘放于隔热垫上，用筷子辅助，将鸡翻面，再撒上一些普罗旺斯香料，送回烤箱继续烘烤20分钟即可。

照烧烤鸡腿

享日式风情，品东瀛风味

烹饪时间 1小时

难易程度 中等

– 特色 –

照烧，是日本人创造的著名调味法，因香甜、浓郁的口感风靡全球，备受食客们的推崇。以照烧汁做好的成品，表面呈现耀眼的光泽，像太阳的光芒照射其上，故此得名。

主料：

鸡腿	2个

辅料：

盐	1/2茶匙	生抽	1/2汤匙
五香粉	1茶匙	蜂蜜	2汤匙
料酒	3汤匙	脱皮白芝麻	1汤匙

TIPS

如果觉得剔骨太麻烦，可以在购买鸡腿时，请商家代为斩成小块也可。

做法：

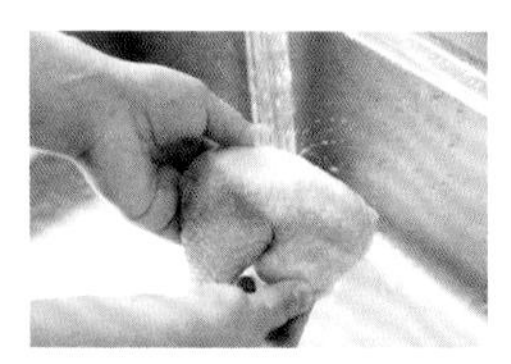

1 鸡腿洗净，用厨房纸巾吸去多余水分。

2 用小刀剔去骨头，仅保留鸡肉和鸡皮。

3 鸡皮朝下，用肉锤将鸡腿肉略微拍散。

4 将鸡肉放入碗中，加入盐、五香粉和料酒腌渍半小时。

5 生抽与蜂蜜混合调匀成照烧汁。

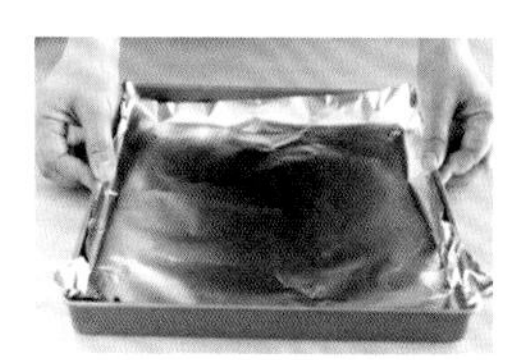

6 烤箱预热至210℃；烤盘包裹锡纸。

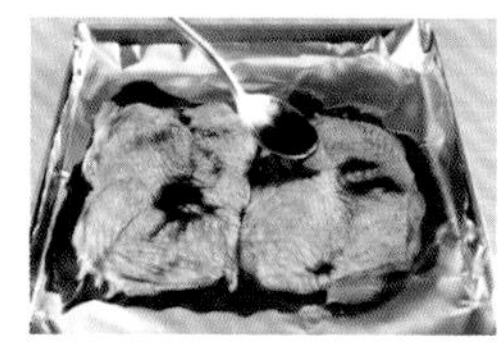

7 放入鸡腿肉，鸡皮朝上，腌汁也一并倒入，然后包裹上另一层锡纸，送入烤箱中层，烘烤25分钟。

8 取出烤盘，揭掉上层的锡纸，撒上脱皮白芝麻，将烤箱仅开上火，调温至180℃，继续烘烤5分钟即可。

奥尔良烤鸡翅

无添加，更健康

- 特色 -

喷香嫩滑又多汁的奥尔良烤鸡翅，无论大人小孩都非常喜爱。这款奥尔良烤鸡翅不适用市售配好的腌制调料，而是用常规调料来腌渍入味，好吃之余，更加健康。

主料：

鸡翅中	12个

辅料：

老抽	1茶匙	花椒粉	1/2茶匙
生抽	2汤匙	五香粉	1/2茶匙
红酒	3汤匙	番茄酱	2汤匙
绵白糖	1汤匙	蜂蜜	2汤匙
鸡精	1/2茶匙	现磨黑胡椒	适量
姜粉	1/2茶匙		

TIPS

- 市售有非常方便的奥尔良腌料，但如果有时间，还是推荐自制调味汁，更加健康。
- 鸡翅在腌渍过程中可以翻一次面，以保证味道更加均匀。

做法：

1 鸡翅中洗净，用厨房纸巾吸去多余水分。

2 用小刀在表面划几道小口。

3 在大碗中将除蜂蜜外的所有辅料倒入，搅拌均匀。

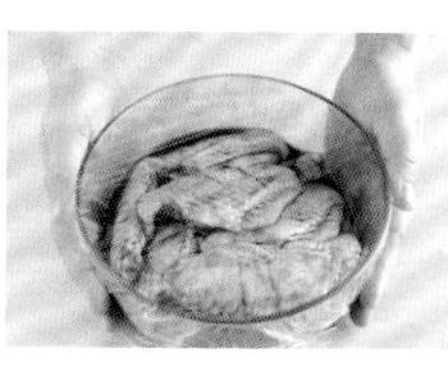
4 将鸡翅中放入碗中，覆盖上保鲜膜，置于冰箱冷藏室腌渍12小时以上。

5 将鸡翅中提前1小时取出回温；烤箱预热200℃；烤盘包裹锡纸。

6 将鸡翅中铺在烤盘上，腌汁也一并倒入。

7 用毛刷蘸取蜂蜜，刷在鸡翅中上，送入烤箱中层，烘烤10分钟。

8 取出，翻面，在反面也刷上一层蜂蜜，送回烤箱，继续烘烤10分钟即可。

蜜汁锡纸棒棒翅

香在口，不脏手

烹饪时间 90分钟

难易程度 简单

- 特色 -

蜜汁烤翅无须赘述，尝过的人都能印象深刻地记下它的美味。但是黏稠的汤汁总是让人吃得很纠结：用筷子夹着吃不过瘾，用手拿着又粘手。其实只要一个巧妙的小心思，这点问题就会迎刃而解！

营养贴士

鸡肉含有丰富的卵磷脂、维生素，蛋白质含量高且极易消化。中医认为，鸡肉有温中益气、补虚填精、健脾胃、活血脉、强筋骨的功效。

TIPS

- 如果没有味极鲜，可以用生抽或鲜味酱油代替。
- 如果能提前一晚腌渍，放入密封盒置于冰箱过夜，则口感会更好。
- 腌汁刚刚烤干即是最佳的烘烤时间；出炉后可以补撒一些脱皮白芝麻。

主料：

鸡翅根	6个

辅料：

味极鲜	1汤匙	食用油	少许
蜂蜜	2汤匙	脱皮白芝麻	1汤匙
料酒	2汤匙		

做法：

1 鸡翅根洗净，用镊子处理鸡毛，沥干水分。

2 将味极鲜、蜂蜜、料酒调和成酱汁。

3 将鸡翅放入盆中，倒入步骤2调好的酱汁，腌渍半小时左右。

4 将锡纸裁切成10厘米左右长、3厘米左右宽的长条。

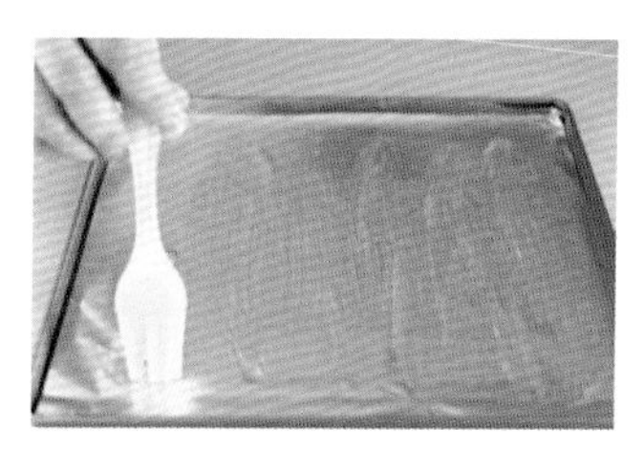

5 烤箱预热至210℃；烤盘包裹锡纸，涂抹一层食用油防粘。

6 将鸡翅根的根部缠绕锡纸，捏紧收口，摆放在烤盘中，倒入余下的酱汁。

7 在烤盘中撒上脱皮白芝麻，转动鸡翅根，另一面也撒上芝麻。

8 放入烤箱中层，烘烤35分钟左右，中途戴好隔热手套取出烤盘，转动鸡翅翻面以确保烘烤的火候均匀。

黑椒杂蔬烤鸡胸

解馋不发胖

烹饪时间 50分钟

难易程度 简单

– 特色 –

有没有发现，越是想减肥的时候，食欲越是旺盛？其实只要吃得对，根本不需要挨饿受屈。富含蛋白质的鸡肉，搭配多种蔬菜，吃得肚子饱饱，嘴巴过瘾，还不会发胖哦！

主料：

鸡胸肉	1块	胡萝卜	半根
青椒	1个	小土豆	1个

辅料：

橄榄油	2汤匙	盐	少许
料酒	2汤匙	现磨黑胡椒	适量

TIPS

• 鸡胸肉一定要整块烘烤，烤好出炉后再切分食用，否则烤出的口感会又干又柴。

• 配菜可以根据个人喜好选择，口蘑、杏鲍菇、西蓝花等都是不错的搭配。

做法：

1 鸡胸洗净，用厨房纸巾吸干水分，放入保鲜盒中，倒入料酒，腌渍片刻。

2 青椒去蒂去子，洗净，掰成适口的小块。

3 胡萝卜洗净去根，斜切成薄片。

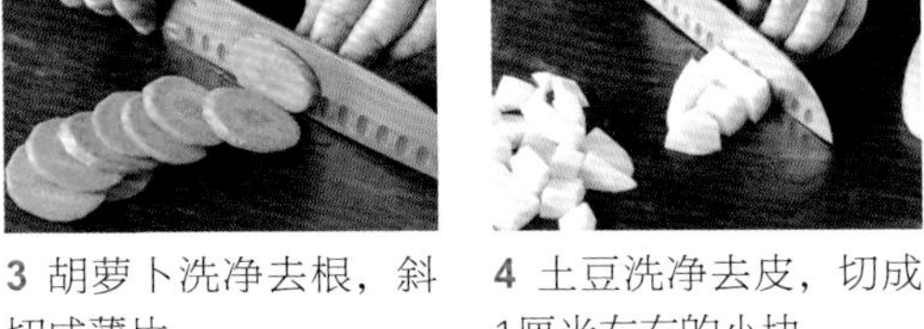

4 土豆洗净去皮，切成1厘米左右的小块。

5 烤箱预热至210℃，烤盘包裹锡纸，刷上一层橄榄油。

6 将腌渍好的鸡胸肉连带料酒一并倒入，摆放在烤盘中间位置，在鸡胸上再刷一层橄榄油。

7 将配菜摆放在鸡胸肉四周，撒上少许盐和现磨黑胡椒。

8 放入烤箱中层，烘烤35分钟左右，中间可取出将鸡肉翻一下面，则火候更匀。

京式烤鸭胸

简易版的北京烤鸭

烹饪时间　腌渍12小时+烹饪40分钟

难易程度　简单

- 特色 -

烤鸭堪称中国餐饮的代表之作，无论是从小吃到大的中国人，还是第一次品尝的老外，无一不沉迷于它甜、香、脆、嫩互相交织充满层次感的口味。试着在家自制一道简易版的京式烤鸭胸，一定能收获满满的成就感！

主料：

鸭胸	2块

辅料：

料酒	2汤匙	白糖	1汤匙
老抽	2茶匙	盐	1茶匙
五香粉	1茶匙	蜂蜜	2汤匙
蚝油	1汤匙	甜面酱	适量

TIPS

鸭肉在烘烤时出油特别多，所以烤盘的锡纸一定要包裹好，而不是仅仅铺一层在烤盘上，这样会让后期清洗工作省事很多。

做法：

1 鸭胸洗净，用厨房纸巾吸干水分。

2 在方形密封盒内加入除蜂蜜和甜面酱之外的所有辅料，搅拌均匀。

3 将鸭胸放入密封盒，置于冰箱冷藏室腌渍12小时以上，中途可取出翻一次面。

4 将腌渍好的鸭胸提前1小时从冰箱取出回温；烤箱预热至200℃；烤盘包裹锡纸。

5 将鸭胸肉放入烤盘，鸭皮朝上，腌汁一并倒入烤盘，中层烘烤约15分钟。

6 取出烤盘，用毛刷刷厚厚一层蜂蜜，继续送入烤箱烘烤15分钟即可。出炉稍微冷却后切片，蘸甜面酱食用。

Part 3
饕餮
河海鲜

Freshwater Fish & Seafood

香酥烤带鱼

换种吃法吃带鱼

烹饪时间 35分钟

难易程度 简单

– 特色 –

提起带鱼，每个中国人马上能想到油炸和红烧两种做法，这次换种口味吧，试试用烤箱烤制带鱼，用油更少，更加健康，味道却不打折扣哟！

主料：

冰鲜带鱼	2条

辅料：

盐	1/2茶匙	香葱	3棵
生抽	1/2汤匙	大蒜	3瓣
料酒	1汤匙	生姜	1小块
白胡椒粉	1/2茶匙	食用油	2汤匙
黄豆酱	2汤匙		

TIPS

黄豆酱有原味和辣味两种，购买时可依据个人口味选择。

做法：

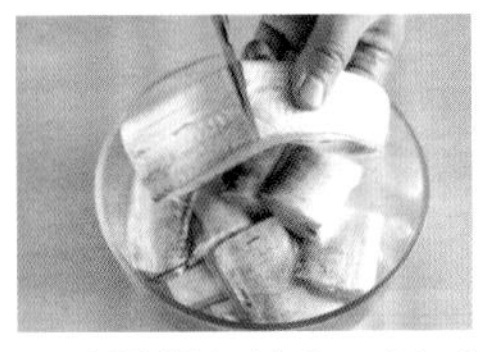

1 冰鲜带鱼洗净，沥干水分，用厨房剪刀剪成约6厘米的小段，头尾丢弃不要。

2 将带鱼段放入容器中，加入料酒、生抽、盐和白胡椒粉，翻拌均匀，腌渍片刻。

3 大蒜去皮洗净，用压蒜器压成蒜蓉；香葱洗净去根，切成葱花；生姜洗净，剁成姜末。

4 取2汤匙黄豆酱，加入等量的清水调匀，留少许葱花，将其余的葱姜蒜放入，拌匀成酱汁。

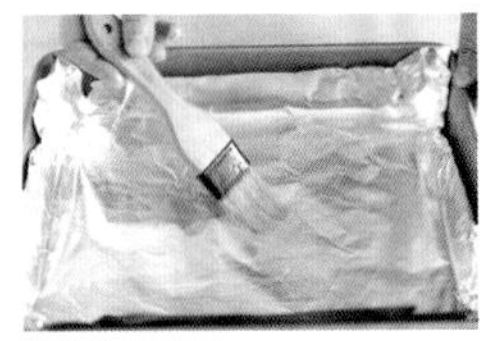

5 烤箱预热至180℃；烤盘包裹锡纸，刷上食用油防粘。

6 将腌渍好的带鱼段放入烤盘平铺，用毛刷刷上步骤4调好的酱汁。

7 放入烤箱中层，烘烤约10分钟。

8 取出烤盘，将带鱼翻面，将剩余酱汁刷在另一面，继续放入烤箱烘烤10分钟，取出后撒上步骤4留下的葱花即可。

- 特色 -

正宗的日式秋刀鱼，讲求还原食材最质朴的味道：仅用白醋去腥，盐提味，一点点油分用来滋养鱼肉，简简单单，就能收获征服味蕾的好味道。

主料：		辅料：	
秋刀鱼	4条	白醋	1汤匙
		海盐	适量
		橄榄油	1汤匙

TIPS

正宗的日式秋刀鱼切忌开膛破肚，要整条连内脏一并烤制。吃完的秋刀鱼仅剩鱼头和主刺。由于秋刀鱼捕捞时会造成鱼胆破裂，因此吃到心胆部位的时候会有略微的苦味，但这也正是日式烤秋刀鱼的精华味道。

日式秋刀鱼

原汁原味，自然真味

烹饪时间 50分钟

难易程度 简单

做法：

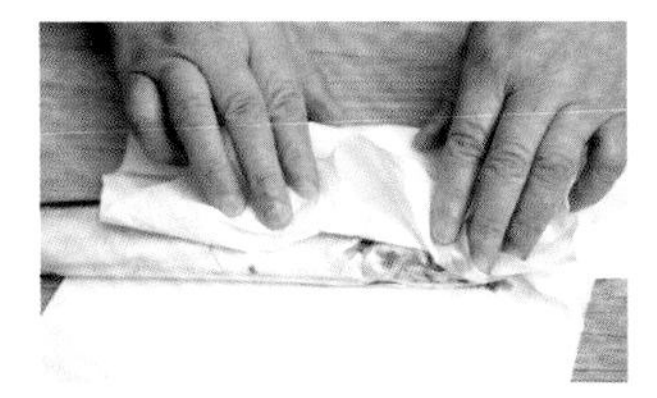

1 秋刀鱼用清水冲洗干净，并用厨房纸巾吸干多余水分。

2 用白醋涂抹整条秋刀鱼。

3 将海盐研磨在秋刀鱼的两面，腌渍30分钟。

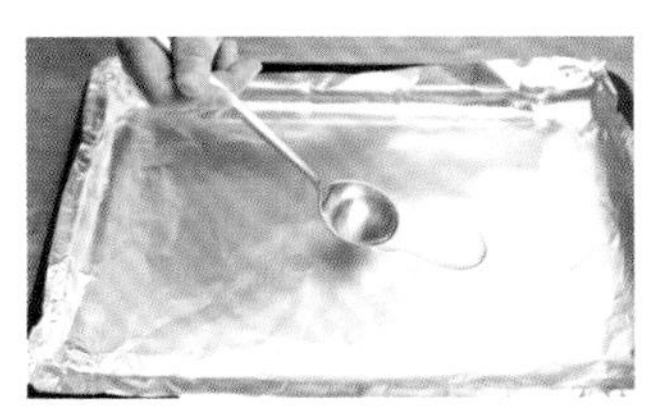

4 腌渍快完成时，将烤箱预热至220℃，并将烤盘包裹锡纸，用刷子刷上1汤匙橄榄油防粘。

5 将腌渍好的秋刀鱼整齐摆放在烤盘内，送入烤箱中层烘烤8分钟。

6 取出烤盘，将秋刀鱼翻面，送回烤箱继续烘烤8分钟即可。

茄汁烤鲅鱼

烹饪时间 40分钟

难易程度 中等

做份鲅鱼给父母

- 特色 -

在美丽的海滨城市青岛，一直有儿女逢年过节给父母送鲅鱼的习俗，代表对父母的孝心。而父母则会忙忙碌碌将鲅鱼做成饺子，招待孩子。今天，不如做一份茄汁烤鲅鱼端上父母的餐桌，让他们换种口味，乐享天伦。

主料：

鲅鱼	1条
番茄	2个

辅料：

盐	1茶匙
白砂糖	1汤匙
葱	1根
大蒜	4瓣
生姜	1小块
番茄酱	3汤匙
食用油	3汤匙

营养贴士

鲅鱼肉质细腻、味道鲜美，含丰富的蛋白质、维生素、钙等营养元素，有益气补血、平喘止咳、提神抗衰的作用，对贫血、早衰、营养不良、产后虚弱和神经衰弱等有一定食疗效果。

TIPS

- 出炉后可以依据个人口味选择，加少许香菜来提味。
- 制作这道菜时也可以放一些配菜，例如烫过的芹菜等。

做法：

1 鲅鱼处理干净，切成1厘米左右的鱼片。

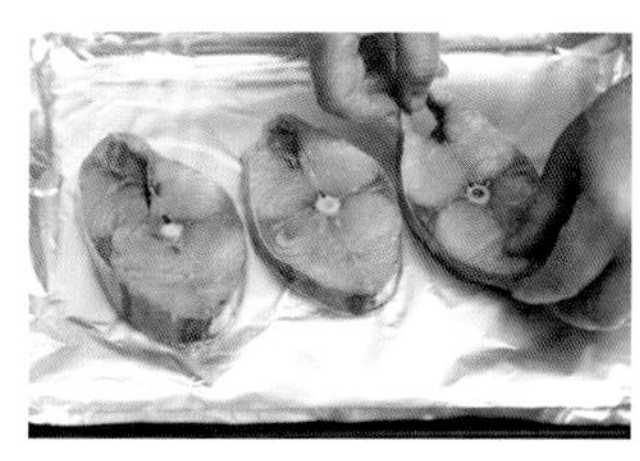

2 烤盘包裹锡纸，刷上1汤匙食用油，把鱼片整齐地摆放入烤盘内。

3 番茄洗净去蒂，切成小块。

4 大葱洗净去根，切成葱花；大蒜去皮洗净，用压蒜器压成蒜蓉；生姜洗净切末。

5 炒锅烧热，加入2汤匙食用油，留一半的蒜蓉和少许绿葱花，将剩余的葱姜蒜末倒入爆香。

6 倒入切碎的番茄，加入1茶匙盐和1汤匙白砂糖，中火翻炒1分钟；加入番茄酱，中火继续翻炒1分钟。

7 烤箱预热至200℃；将炒好的番茄汁淋一半在烤盘内，送入烤箱中层，烘烤10分钟。

8 取出烤盘，将鲅鱼翻面，淋上剩余的番茄汁，继续烘烤10分钟。取出后撒上步骤5留下的蒜蓉和葱花即可。

蜜汁马步鱼

美味的小鱼干

烹饪时间　50分钟

难易程度　简单

– 特色 –

马步鱼又称“棒鱼”“针鱼”，体形小巧，价格实惠。闲暇时，不妨做上一大份蜜汁马步鱼，既可以下饭，也可以放入密封盒置于冰箱，当作解馋的小零食。

主料：

马步鱼	10条

辅料：

料酒	2汤匙	白胡椒粉	1/2茶匙
盐	1/2茶匙	食用油	3汤匙
白砂糖	1茶匙	蜂蜜	2汤匙
生抽	2汤匙		

TIPS

- 烤好的马步鱼也可以依据个人口味点缀少许白芝麻。如果喜欢甜辣味，
- 可以在蜂蜜中混合一点甜辣酱，或是撒少许辣椒粉。

做法：

1 马步鱼去除头部和内脏，洗净，沥干水分。

2 将料酒、盐、白砂糖、白胡椒粉和生抽混合调匀，倒入马步鱼中，腌渍30分钟。期间注意翻拌一次，以便腌渍均匀。

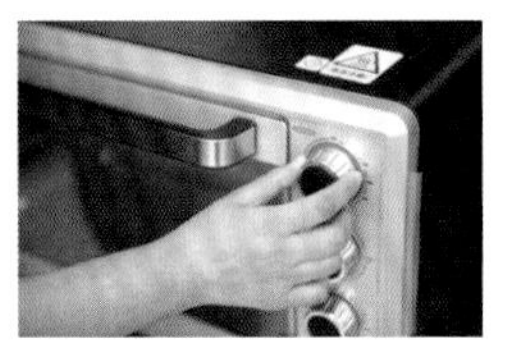

3 腌渍差不多时，烤箱预热至200℃，烤盘包裹锡纸。

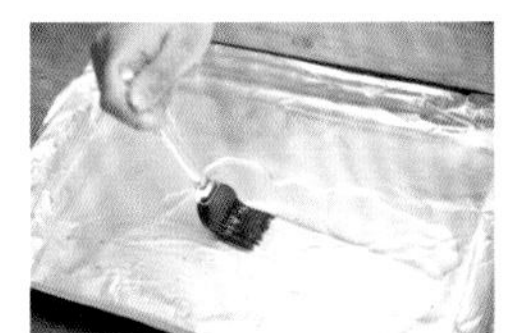

4 在锡纸上倒上1汤匙食用油，用小刷子刷均匀。

5 将腌渍好的马步鱼摆放进烤盘内，刷一层油，再刷一层蜂蜜。

6 放入烤箱中层，烘烤8分钟。

7 取出烤盘，将马步鱼翻面，再刷一层油、一层蜂蜜。

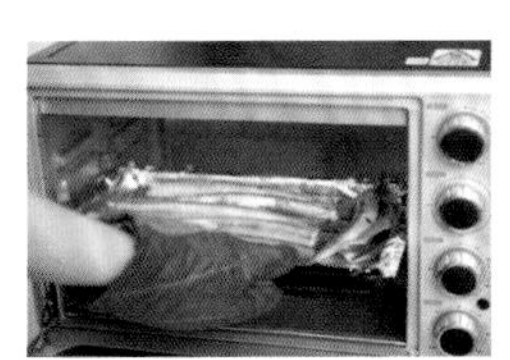

8 继续放回烤箱，烘烤8分钟后取出即可。

香烤三文鱼头

非常鲜美，非常实惠

烹饪时间 35分钟

难易程度 简单

– 特色 –

都知道三文鱼非常鲜美，营养价值高，但是价格却不那么友好，往往一块中段就要上百元。如果用来烧烤，何不试试三文鱼头？营养味道都一样，价格却实惠很多，而且鱼头还更加入味呢！

主料：

三文鱼头	1个

辅料：

海盐	适量
食用油	3汤匙
现磨黑胡椒	适量
柠檬	1/4个

TIPS

除了三文鱼头之外，三文鱼骨也可以用来烤着吃，价格与三文鱼肉相比简直是惊喜，有的卖三文鱼的档主甚至免费送。

做法：

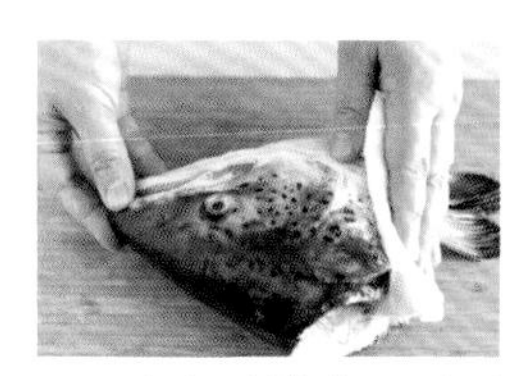

1 三文鱼头洗净，用厨房纸巾吸干水分。

2 将三文鱼头对半剖开。

3 在三文鱼头的两面都研磨上少许海盐。

4 烤箱预热至220℃，烤盘包裹锡纸。

5 在锡纸上倒1汤匙食用油，用小刷子刷均匀。

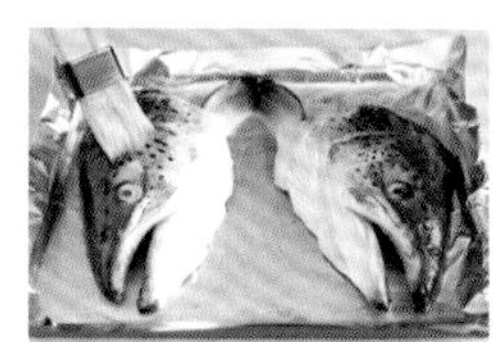

6 将三文鱼头摆放上去，刷上一层食用油。

7 研磨上适量的黑胡椒，放入烤箱中层，烘烤15分钟。

8 取出烤盘，将三文鱼翻面，再刷上一层食用油、研磨上一些黑胡椒，继续放回烤箱中层烘烤15分钟，食用时根据口味挤上柠檬汁。

法风三文鱼

不要刺身要法风

烹饪时间 35分钟

难易程度 中等

- 特色 -

提起三文鱼，好像大家都会联想到日式刺身。其实，法国人发明的烤三文鱼别有一番滋味：柠檬的酸，三文鱼的鲜，香料的浓，混在一起，闻一下就能让人沉醉其中。

营养贴士

三文鱼富含优质蛋白质和ω-3不饱和脂肪酸，有助于降低血脂。所含丰富的DHA和EPA还对儿童脑神经发育和视觉发育起着至关重要的影响。尽管三文鱼最常拿来作刺身生食，但出于食品安全考虑，建议最好加热食用，以免感染寄生虫。此外，适度加热更有利于蛋白质的消化吸收。

主料：

带骨三文鱼片　500克

辅料：

柠檬	1个	橄榄油	2汤匙
新鲜迷迭香	几根	海盐	适量
大蒜	3瓣	现磨黑胡椒	适量

做法：

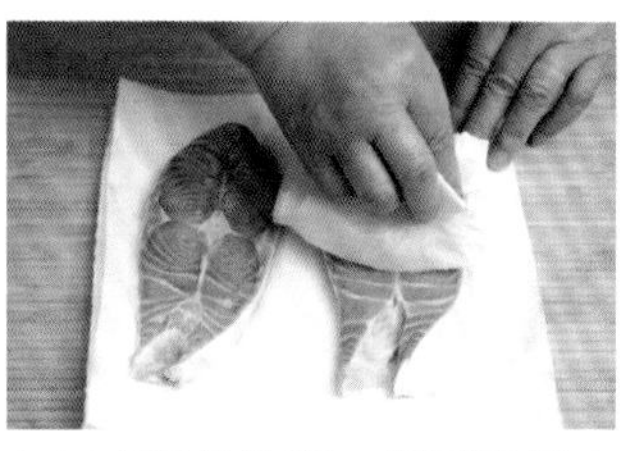

1 三文鱼片洗净，用厨房纸巾吸干多余水分。

2 柠檬洗净，切成薄片。

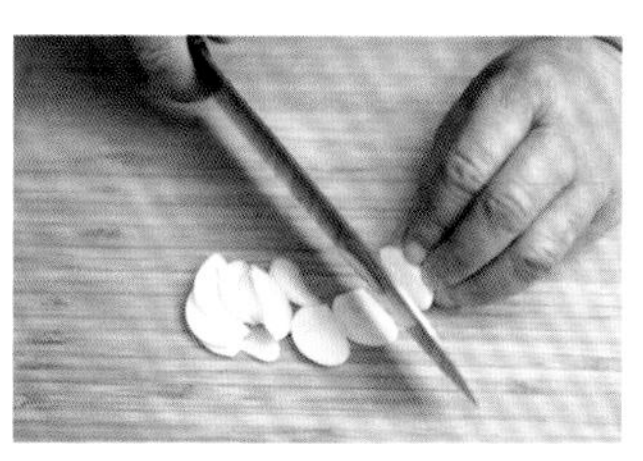

3 大蒜洗净去皮，切成薄薄的蒜片。

4 迷迭香洗净，沥干水分，剪成3厘米左右的段。

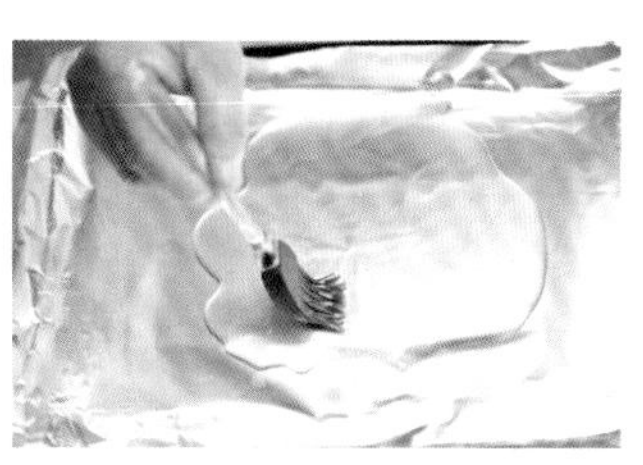

5 烤箱预热至210℃；烤盘上铺一大张锡纸（可以包下所有食材），刷上橄榄油。

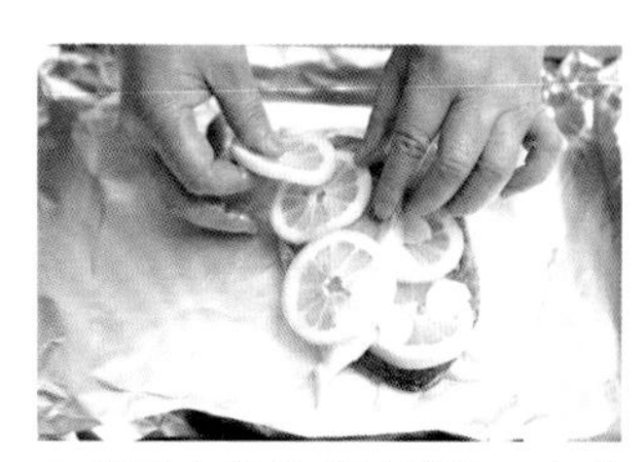

6 将三文鱼片和柠檬片、大蒜片穿插摆放。

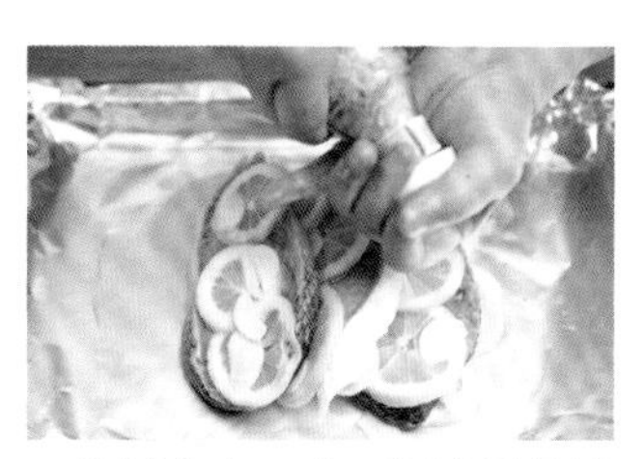

7 依照个人口味，研磨适量的海盐和黑胡椒在三文鱼上，点缀迷迭香叶子，把锡纸包裹好。

8 送入烤箱中层，烘烤20分钟左右即可。

TIPS

- 如果买不到新鲜迷迭香，可以用干燥的迷迭香或者混合法式香草来代替。
- 海盐口感相对清淡，不像日常的盐那样过咸。如果烤好后觉得味道太淡，也可以在食用时补撒一些。
- 这道菜也完全可以用整条三文鱼制作，制作时将柠檬片先摆一部分在下方，再放上整条的三文鱼中段，上方撒盐和黑胡椒，点缀迷迭香，剩余的柠檬片对半切开摆放在侧面即可。

锡纸烤鲈鱼

但爱鲈鱼美

烹饪时间 40分钟

难易程度 中等

- 特色 -

宋朝词人范仲淹的名句“江上往来人，但爱鲈鱼美”，早已将鲈鱼的鲜美刻画淋漓。尝腻了清蒸、红烧，不妨试试用锡纸包裹烤制，鱼肉的鲜味和水分被锡纸保护得一丝不露，定会让你一尝难忘。

主料：

鲈鱼	1条
芹菜	1小根

辅料：

盐	1茶匙
料酒	3汤匙
食用油	适量
淀粉	2汤匙
生姜	1小块
大蒜	半头
大葱	半根
黄豆酱	2汤匙
红剁椒	1汤匙
蒸鱼豉油	2汤匙
白糖	1汤匙

营养贴士

鲈鱼富含蛋白质、B族维生素、钙、锌、硒等营养元素，具有补肝肾、益脾胃、化痰止咳等功效，可治胎动不安、产后少乳等症，对孕妈妈和哺乳期妈妈们非常有益，既能补身，又不发胖。

TIPS

- 烤好后的鲈鱼可根据个人口味选择是否撒香菜调味。
- 芹菜也可以替换成洋葱等蔬菜。

做法：

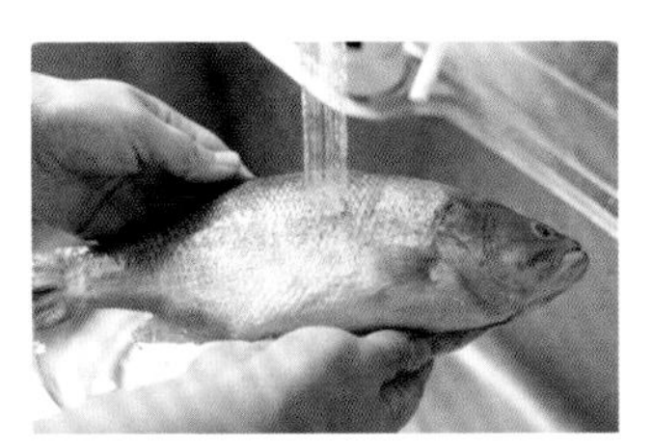

1 鲈鱼去鳞去鳃，清理内脏，冲洗干净。

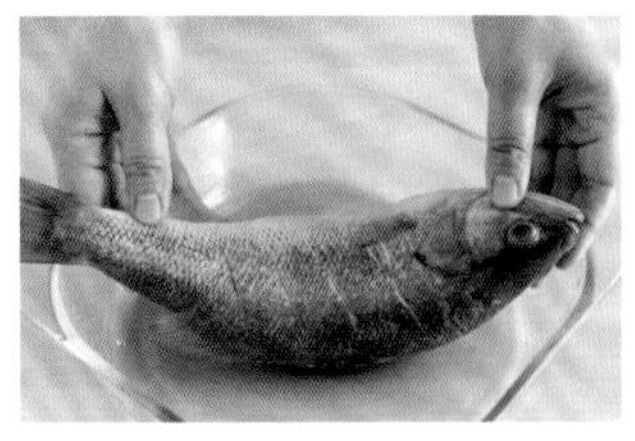

2 在鱼身两侧用锋利的小刀斜切三四刀，放入盆中，将1茶匙盐和3汤匙料酒调匀倒入盆中，腌渍5分钟后翻面继续腌渍。

3 芹菜去根、去叶，洗净后切成细小的芹菜丁；大蒜洗净去皮，用压蒜器压成蒜蓉；生姜仅留一小部分姜头位置，剩下的剁成姜末；大葱切成细碎的葱花。

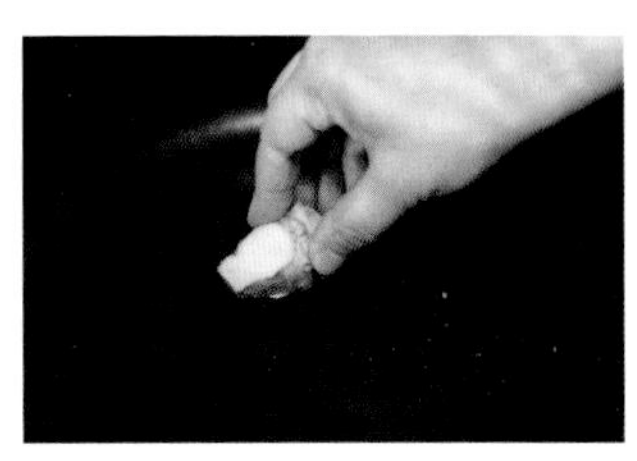

4 炒锅烧热，用留下的姜头擦拭炒锅内侧，可防止煎鱼时粘锅。

5 倒入食用油，烧至五成热；腌渍好的鲈鱼沥去水分，两侧都拍上淀粉；将鱼放入锅中，煎或炸至金黄色，捞出控干油分。

6 炒锅中仅保留少许食用油，放入葱姜蒜末和黄豆酱炒香，再加入芹菜丁和剁椒翻炒。

7 加入蒸鱼豉油、白糖，再加入适量清水烧开，然后放入炸好的鲈鱼烧5分钟（注意翻面）。

8 烤箱预热至200℃，烤盘上放一大张锡纸（足够包裹整个鲈鱼），将鲈鱼盛放在锡纸正中，余下的材料撒在鱼身上，将锡纸包裹紧实，放入烤箱中层，烘烤10分钟即可。

日式烤鳗鱼

东瀛风味，尽收盘中

烹饪时间 35分钟

难易程度 中等

— 特色 —

烤鳗鱼是非常传统的日式料理。在日本，世世代代专门经营烤鳗鱼的店就有很多家，手艺代代相传，食客百年相继。之所以日式烤鳗能够誉满全球，大概就是这份匠心，将鳗鱼的美味发挥到了极致吧！

主料:

鳗鱼	1条

辅料:

生抽	2汤匙
老抽	1/2茶匙
料酒	1汤匙
盐	1/2茶匙
白砂糖	1汤匙
葱	半根
生姜	1小块
食用油	1汤匙
洋葱	1个
叉烧酱	3汤匙
脱皮白芝麻	2汤匙

营养贴士

鳗鱼富含维生素A和维生素E，对预防视力退化、保护肝脏、恢复精力有很大益处。它还富含EPA和DHA，可以降低血脂、抗动脉硬化，为大脑补充必要的营养素。

TIPS

洋葱可以起到隔离鱼皮与烤盘，防粘的作用，也能为烤鳗鱼增添特殊的香气。烤好后的洋葱可以当作配菜食用，也可以丢弃。以紫皮洋葱为佳。

做法:

1 将去除内脏后的鳗鱼清洗干净，放入开水中烫30秒后捞出。

2 将烫好的鳗鱼捞出，放入冷水中浸泡1分钟，然后清洗干净鳗鱼身上的黏液。

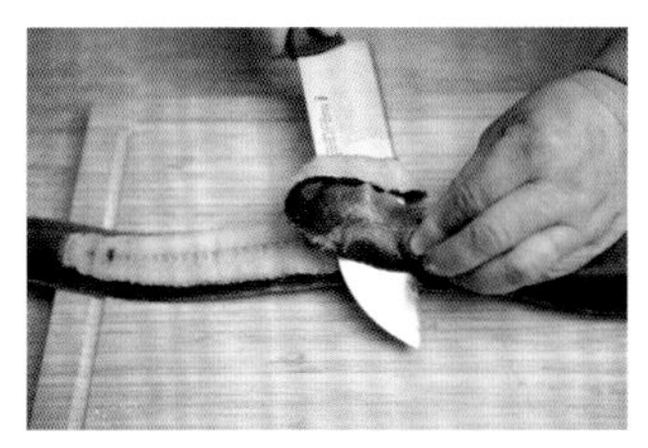

3 将洗好的鳗鱼平放在案板上，从尾部平行下刀，沿脊骨方向往前切割，即可得到整片的去骨鳗鱼肉。另外一面也相同处理。

4 将去骨的鳗鱼肉切成3段。

5 将生抽、老抽、盐、白砂糖、料酒混合拌匀成酱汁，葱姜切片，与鳗鱼肉一起放入酱汁中腌渍片刻。

6 烤盘包裹锡纸，刷上食用油备用；洋葱去皮去根，洗净，先对切，再切成细丝，均匀地铺在烤盘内。

7 烤箱预热至200℃，将腌渍好的鳗鱼用牙签横向固定，防止变形。鱼皮朝下鱼肉朝上，铺在洋葱上。

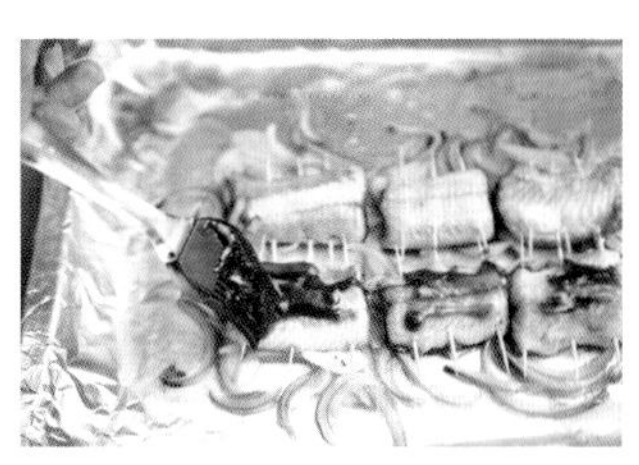

8 入烤箱中层，烘烤8分钟，取出后刷上一层叉烧酱，撒上脱皮白芝麻，送回烤箱再烘烤7分钟即可。

川香烤鱼

麻麻辣辣，蜀国滋味

烹饪时间 90分钟

难易程度 高级

– 特色 –

热火朝天的麻辣烤鱼，仿佛一夜之间红遍了全国，势头能与烧烤一较高下。

主料：

鱼	1条	西芹	3小根
莲藕	1节	青椒	1个
土豆	1个	胡萝卜	1根

腌料：

盐	1茶匙	料酒	2茶匙
生抽	1汤匙	白胡椒粉	1茶匙

辅料：

花生油	1000毫升	葱白（切段）	1根
淀粉、干辣椒	各适量	生姜片	6片
花椒	1汤匙	豆瓣酱	2汤匙
蒜瓣（去皮拍松）	1头	香菜段	适量

TIPS

烤鱼搭配的蔬菜没有固定，完全按照季节和个人口味来就可以。

做法：

1 鱼刮去鱼鳞，去除内脏，从腹部剖开，背部相连，划出刀口，放入大盆中。

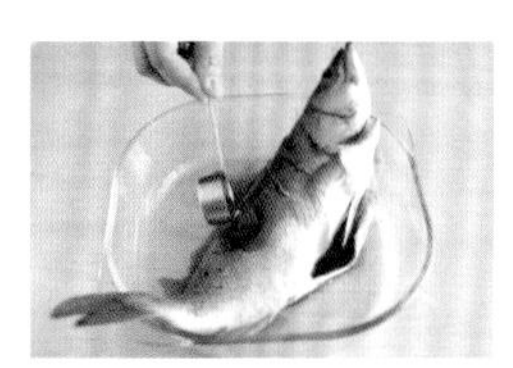

2 将盐、生抽、料酒、白胡椒粉调和均匀，浇在鱼上，腌渍15分钟，将鱼翻面再腌渍15分钟。

3 腌渍期间处理各种蔬菜：洗净、切成适口的小块。

4 炒锅烧热，加2汤匙花生油，再加入干辣椒和花椒，然后加豆瓣酱炒香。

5 倒入蔬菜，大火爆炒1分钟，关火备用。

6 腌渍好的鱼取出，沥干水分，拍上淀粉。

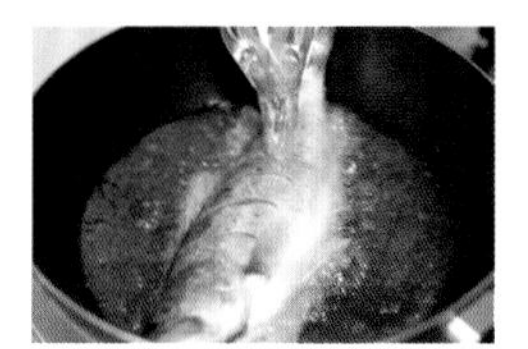

7 炒锅内加入花生油，烧至七成热（手掌置于油面上方10厘米处有明显灼热感），将鱼放入，大火炸制2分钟左右，捞出控油备用。

8 烤箱预热200℃，烤盘包裹锡纸；将葱白、姜片和大蒜平铺在烤盘内。放上鱼，将蔬菜连同炒菜的汤汁一并倒入，放入烤箱中层，以200℃烘烤25分钟。出锅后撒上香菜段即可。

柠檬锡纸龙利鱼

酸甜开胃又减脂

烹饪时间 35分钟

难易程度 简单

– 特色 –

龙利鱼是近年来走上中国大众餐桌的新晋食材，无刺又方便烹调，上到耄耋老人，下到周岁宝贝，都能吃得放心又营养。以蜂蜜和柠檬调味的龙利鱼，酸酸甜甜，尤其开胃。

主料：

龙利鱼	1片
柠檬	半个

辅料：

蜂蜜	1/2汤匙
橄榄油	1汤匙
蚝油	1/2汤匙
料酒	1汤匙
现磨黑胡椒	适量

TIPS

- 如果没有蜂蜜，可以用1汤匙的白砂糖代替。
- 除了黑胡椒，也可以撒百里香之类自己喜欢的香料。

做法：

1 龙利鱼解冻，洗去浮冰，用厨房纸巾吸干水分。

2 柠檬洗净，切成薄片。

3 烤香预热至200℃，在烤盘内放入一大张锡纸，涂抹橄榄油。

4 在锡纸中央摆放上一排柠檬片。

5 在柠檬片上放上龙利鱼，将锡纸四周稍微折起。

6 将蜂蜜、料酒、蚝油调和均匀，倒在龙利鱼上。

7 撒上适量的现磨黑胡椒。

8 将锡纸包好，送入烤箱中层，烘烤25分钟即可。

迷迭香烤鳕鱼

沉浸在香草的味道中

烹饪时间 25分钟

难易程度 中等

– 特色 –

经过焗烤的鳕鱼，点缀上零星的迷迭香，提味又不失本味，是非常推荐的做法。

主料：

鳕鱼	1块

辅料：

食用油	1汤匙	大蒜	1头
黄油	20克	现磨黑胡椒	适量
盐	1/2茶匙	干燥迷迭香	适量

TIPS

鳕鱼本身就有淡淡的海水咸鲜味，因此不宜添加过多的调料，更不宜加入有色调料。

做法：

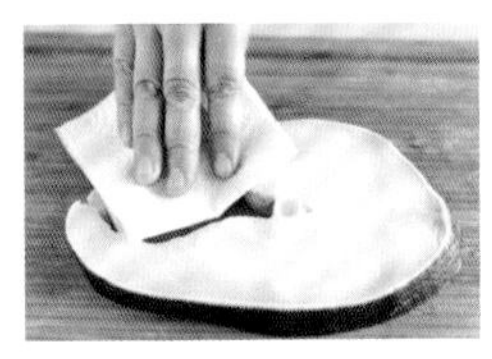

1 鳕鱼洗净，用厨房纸巾吸干多余水分。

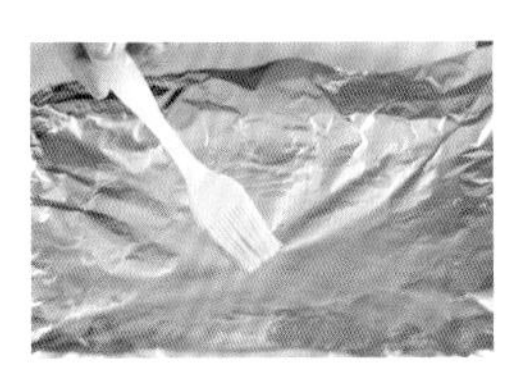

2 烤盘内放一大张锡纸，周围略微折高，倒上1汤匙食用油，用小刷子刷均匀。

3 将鳕鱼放在烤盘内，在鳕鱼的两面涂抹上薄薄的一层盐，然后撒上适量的干燥迷迭香，腌渍片刻。

4 大蒜去皮洗净，用压蒜器压成蒜蓉。

5 炒锅内加入黄油，开小火使黄油融化。

6 倒入蒜蓉，加入适量的现磨黑胡椒。

7 炒至黄油开始起细密的泡泡，香味浓郁时即可关火。

8 烤箱预热至180℃；将炒好的黄油蒜蓉淋在鳕鱼上，用锡纸把鳕鱼包裹好，送入烤箱烘烤15分钟即可。

– 特色 –

这么好吃的鱼类，当然不止熬汤这一种做法。撒上五香粉，送入烤箱，等待一份有滋有味的烤鲫鱼出炉吧！

主料：

鲫鱼	1条

辅料：

料酒	3汤匙	豆瓣酱	4茶匙
白醋	1汤匙	盐	1/2茶匙
生姜	2小块	蒸鱼豉油	2汤匙
大蒜（剁蓉）	1头	五香粉	1汤匙
葱白（切碎）	1根	香葱	1小把
新鲜红尖椒	3个	白砂糖	1/2汤匙
食用油	5汤匙		

TIPS

除了五香粉，还可以使用十三香，或者混合花椒粉与白胡椒粉使用。

做法：

1 鲫鱼去除鱼鳞、鱼鳃和内脏，清洗干净，在两侧斜切三四个刀口。

2 取1小块生姜洗净，切成姜丝；与料酒、白醋调成去腥的腌汁，将鲫鱼放进腌汁中，两面分别腌渍5分钟。

3 取另1小块生姜洗净，剁成姜末；红尖椒去蒂洗净，切成细碎的辣椒圈。

4 炒锅烧热，加入4汤匙食用油，放4茶匙豆瓣酱炒出香味。

5 将葱姜蒜和辣椒末倒入炒锅中，翻炒1分钟；加入白砂糖、盐和蒸鱼豉油调味。

6 烤箱预热200℃，烤盘放一大张锡纸，刷1汤匙左右的食用油防粘；将五香粉抹在鲫鱼两面，放在锡纸正中央。

7 将炒好的调料淋在鲫鱼上，然后包裹好锡纸，送入烤箱中层，烘烤20分钟。

8 香葱去根洗净，切成葱花，待鲫鱼烤好后，从烤箱取出，打开锡纸，撒上葱花即可。

葱香锡纸银鲳鱼

包着烤，更香嫩

烹饪时间　40分钟

难易程度　高级

– 特色 –

鲳鱼肉质鲜美，刺也非常少，是非常受大众喜爱的鱼类之一。用锡纸包裹的方式来烤制，相较于传统烹饪方法，可以避免摄入过多的油脂，同时也能封存住鱼肉中的水分，使得肉质更加鲜嫩。

主料：

银鲳鱼	1条
葱白	1根

辅料：

盐	1/2茶匙
白砂糖	1茶匙
生抽	1/2汤匙
蒸鱼豉油	2茶匙
生姜	1小块
食用油	3汤匙
花椒	1汤匙
香菜	1小把

营养贴士

原产于亚马孙河的银鲳鱼，虽然外形与食人鱼近似，但是性情温和，不具攻击性，每百克肉中含蛋白质15.6克，肉嫩刺少，对于消化不良、贫血、筋骨酸痛等病症有辅助疗效，尤其适于老年人和儿童食用。

TIPS

喜欢辣味的，可以在爆花椒时一并放入几个掰开的干朝天椒即可。

做法：

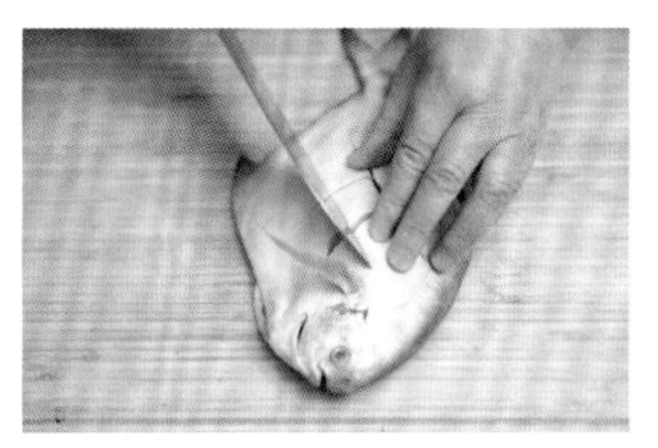

1 银鲳鱼洗净，去鳞、鳃和内脏，并用刀在鱼身两面划出菱形的方块。

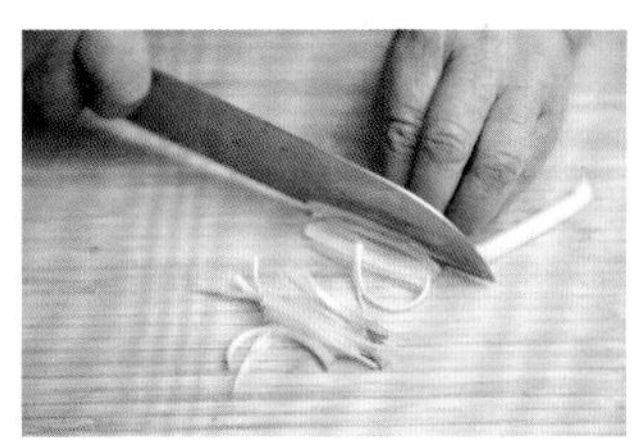

2 葱白洗净，切成5厘米左右长的葱丝；生姜洗净，切成小片；香菜去根，洗净，切成碎末。

3 烤箱预热至210℃，烤盘内放一大张锡纸（足够包裹整条鱼），倒上1汤匙食用油，用小刷子刷均匀。

4 姜片铺在锡纸中央，将银鲳鱼放在姜片上。

5 将盐、白砂糖、生抽和蒸鱼豉油调和均匀，将锡纸的四周折起，将调味汁倒在鱼身上。

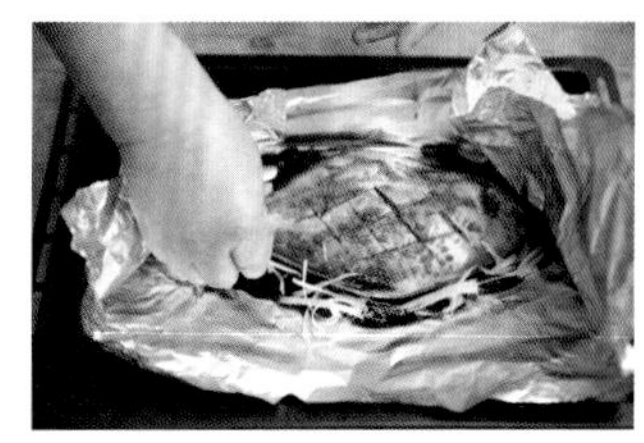

6 将2/3切好的葱白丝撒在鱼的四周，然后用锡纸包裹好，送入烤箱，烘烤20分钟。

7 鱼烤好后从烤箱取出，掀开锡纸，将余下的1/3葱白丝放在鱼身上。

8 炒锅烧热，倒入2汤匙食用油，放入花椒爆香后用漏勺将花椒捞出丢弃，然后将热油从摆放好的葱丝上浇下去即可。最后点缀上切碎的香菜末。

秘制烤鱿鱼

健康自制，更加好吃

烹饪时间 25分钟

难易程度 简单

- 特色 -

鱿鱼鲜嫩弹牙，低热量，高蛋白，价格亲民，是非常受大众喜爱的食材。而最火爆的做法，肯定是烤鱿鱼无疑。不同于烤羊肉串，烤制鱿鱼时，一定要涂满浓浓的酱汁才更加可口。现在跟着这份食谱，自己在家用烤箱制作一份鲜美香浓的烤鱿鱼，和小伙伴们一起分享吧！

主料：

鱿鱼	2只

辅料：

生姜	1小块
大蒜	3瓣
甜面酱	1汤匙
韩式辣酱	1汤匙
生抽	1汤匙
香葱	2根
食用油	1汤匙
脱皮白芝麻	1汤匙
孜然粉	适量

营养贴士

鱿鱼富含钙、磷、铁，利于骨骼发育和改善贫血；除了富含蛋白质，还含有大量的牛磺酸，可降低血液中的胆固醇含量，缓解疲劳，恢复视力，改善肝脏功能；此外，鱿鱼中所含的多肽和硒还具有抗病毒、抗辐射的作用。

TIPS

如果没有竹扦，也可以将鱿鱼剪成小块，在内部稍微划出细密的方格纹路，直接放入烤盘内烤。刷酱的时候直接把酱汁倒入，翻拌均匀即可进行下一步操作。

做法：

1 生姜剁碎，用一点点清水浸泡。

2 鱿鱼洗净，去除内脏和头部、尾部的骨膜、彻底清洗鱿鱼须部吸盘部位。

3 将鱿鱼须和鱿鱼头切下，用竹扦穿起来，余下的鱿鱼也用竹扦穿好。

4 将泡好的生姜水刷一遍在鱿鱼上。

5 大蒜去皮洗净，压成蒜蓉，加入甜面酱、韩式辣酱和生抽，拌匀。

6 香葱去根洗净，切成葱花。

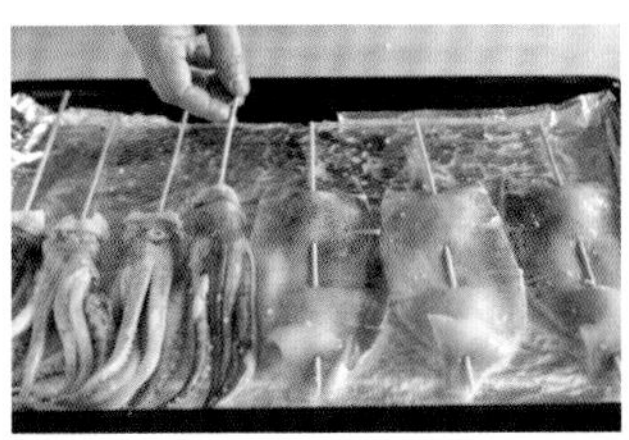

7 烤箱预热至220℃，烤盘包裹锡纸，刷一层食用油，将鱿鱼串放入，烤10分钟。

8 取出鱿鱼，在正反面刷满步骤5的酱汁，撒上葱花和脱皮白芝麻，继续放入烤箱烤3～5分钟，出炉后撒上适量的孜然粉即可。

XO酱烤墨鱼仔

鲜上加鲜

烹饪时间　腌渍1小时＋烹饪25分钟

难易程度　简单

－ 特色 －

XO酱以火腿、瑶柱等数种名贵食材制成，最初仅限于香港一些高级酒家使用，后来才走进百姓厨房。以XO酱腌制的小墨鱼仔，肉质弹牙，烤汁香浓，可谓是鲜上加鲜。

主料：

冷冻墨鱼仔	500克

辅料：

料酒	2汤匙
生抽	2茶匙
生姜	1小块
大蒜	半头
食用油	1汤匙
XO酱	2汤匙
香葱	1小把

营养贴士

墨鱼仔含有丰富的蛋白质，滋味鲜美，远在唐代中国就有食用墨鱼的记载。中医认为墨鱼仔具有壮阳健身、益血补肾、健胃理气的功效，女性食用，能养血、通经、安胎、利产、止血、催乳等。

TIPS

- 如果购买的是新鲜的墨鱼仔，需要处理干净内脏、墨汁和眼睛。
- 如果时间允许，腌渍过夜味道更佳。

做法：

1 冷冻墨鱼仔提前解冻，冲洗干净浮冰，仔细检查内脏是否还有未清理干净的部分；清洗后沥干水分备用。

2 生姜洗净切片；大蒜去皮洗净切片。

3 将料酒和生抽混合均匀，放入清洗干净的墨鱼仔和蒜姜片，腌渍1小时以上。期间不断翻拌保证腌渍均匀。

4 烤箱预热至200℃，烤盘包裹锡纸。刷上一层食用油。

5 将腌渍好的墨鱼仔连同腌汁和姜蒜一并倒入烤盘中，放入烤箱中层烘烤10分钟。

6 取出烤盘，均匀地用勺子淋上XO酱，放入烤箱继续烘烤5分钟。

7 香葱洗净去根，切成碎末。

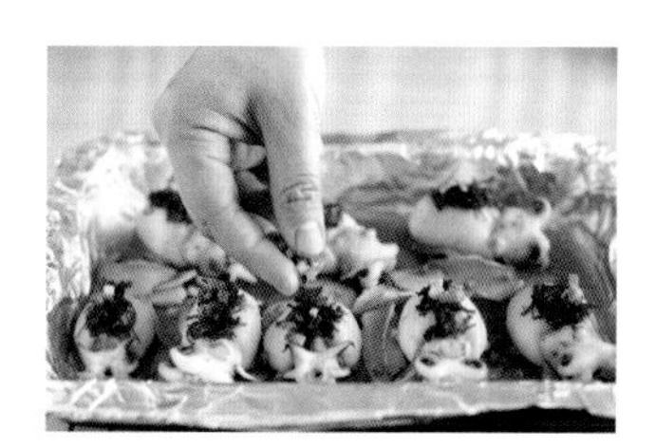

8 在烤好的墨鱼仔上撒上香葱末即可。

开背五彩虾

五彩缤纷，喜气洋洋

烹饪时间 30分钟

难易程度 中等

– 特色 –

将普通的大虾，精细加工，开背去沙线，整齐码盘，点缀上五颜六色的香料，端上餐桌，顿生喜庆的感觉。

主料：

大虾	8只

辅料：

大蒜	1头	白砂糖	1茶匙
花生油	2汤匙	黑胡椒粉	1/2茶匙
盐	1茶匙	新鲜朝天椒	2个
生抽	1茶匙	香葱	2根

TIPS

如果买不到新鲜的朝天椒，也可以用红泡椒来代替，超市调味品柜有售。如果不喜欢吃辣，还可以换成红色菜椒切成的碎末来作为点缀。

做法：

1 大虾洗净，剪去虾尾，在虾头身相连处上方下剪，剪开2/3。

2 从虾尾处伸入剪刀，从虾背一直剪到头部的开口处，将虾背分开摊平。挑出虾线，冲洗干净。

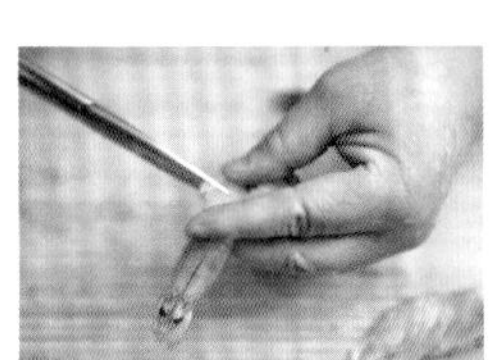

3 开好背的虾从两侧分别剪三四个小口，防止虾肉在烘烤过程中回缩。

4 大蒜洗净去皮，压成蒜蓉。

5 炒锅烧热，加入2汤匙花生油，倒入蒜蓉后转小火，炒出香味即可关火。

6 加入盐、生抽、白砂糖、黑胡椒粉翻炒均匀，再加入2汤匙清水，大火翻炒1分钟，成蒜蓉酱。

7 新鲜朝天椒洗净，用厨房纸巾吸干水分，切成细小的辣椒圈；香葱洗净去根，切成细碎的葱花。

8 烤箱预热180℃，烤盘包裹锡纸，放入大虾，在虾背上用茶匙堆放蒜蓉酱，点缀上辣椒圈，入烤箱烘烤15分钟，取出后撒上香葱碎即可。

串烤什蔬虾仁

美味健康穿起来

烹饪时间 30分钟

难易程度 简单

– 特色 –

粉嫩鲜美的虾仁，碧绿柔软的西葫芦，还有勾人食欲的橙红色胡萝卜，三样食材完美搭配在一起，即有颜值，又有营养。

主料：

西葫芦	半根
胡萝卜	1小根
大虾仁	200克

辅料：

盐	1茶匙
料酒	1汤匙
橄榄油	3汤匙
海盐	适量

TIPS

- 只放盐的什蔬虾仁串可品尝到食物的原味，当然，也可以按照个人口味加些黑胡椒粉，或者淋些酱汁再食用。
- 购买虾仁时一定要选择足够大的，不然经过烘烤会严重缩水，影响口感和外观。

做法：

1 虾仁解冻后用清水冲洗干净，沥干水分，加入1汤匙料酒腌渍片刻。

2 胡萝卜洗净，切去根部，然后切成厚约1厘米的片，再用蔬菜压模压成小花朵状。

3 起锅烧一锅清水，加入1茶匙盐，将胡萝卜花朵放入，改小火煮3分钟。

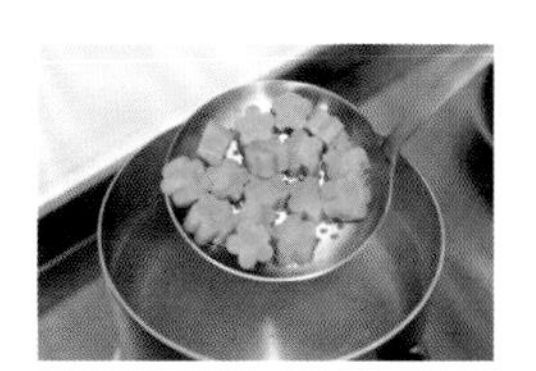

4 将煮好的胡萝卜花朵捞出沥干水分备用。

5 西葫芦切去根部，然后切成2厘米左右的方块。

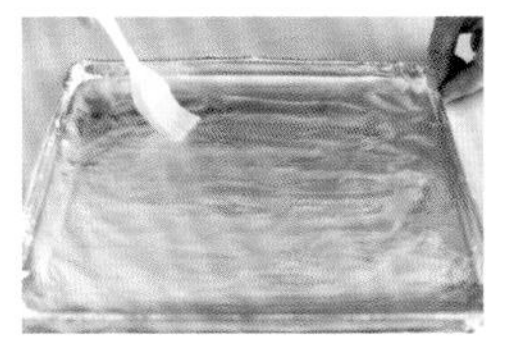

6 烤箱预热至200℃，烤盘包裹锡纸，刷上一层薄薄的橄榄油（1汤匙量）。

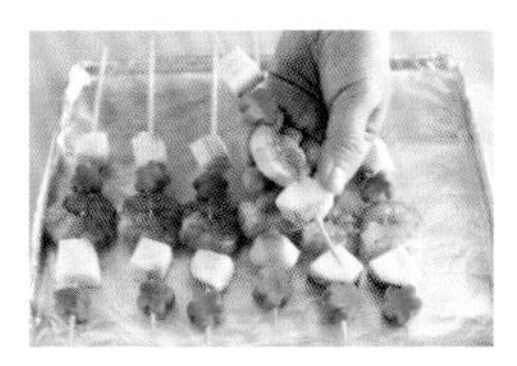

7 取竹扦，将西葫芦块、胡萝卜花朵和虾仁交替穿好，整齐摆放入烤盘内。

8 将余下的橄榄油用小刷子刷在什蔬虾仁串的两面，研磨上适量的海盐，送入烤箱中层，烘烤15分钟即可。

避风塘烤虾

油少味足更健康

– 特色 –

在香港铜锣湾，每逢台风季节，渔民们就将船只停泊入港躲避台风。由于数天都不能出海捕鱼，渔民们只能吃剩下的海鲜。巧手的渔民利用油炸、浓重调味的烹饪方式，去除不新鲜的味道，慢慢发展成了避风塘菜系。今天我们用烤箱烤制代替重油炒制，既保留了避风塘菜系的味道，又减少了用油量，更加健康。

营养贴士

虾肉肉质鲜美，营养丰富，有补肾壮阳、养血固精、化瘀解毒、通络止痛、开胃化痰等功效，特别适宜肾虚气乏、筋骨疼痛和神经衰弱的人群食用。

TIPS

• 面包糠有白色和金色两种，建议购买金色，烤出来会更加好看。

• 如果使用冷冻虾仁，尽量购买个头较大、冰壳较少的虾仁。

主料：

大虾	30只
面包糠	200克

辅料：

蛋清	1个	大蒜	1头
黑胡椒粉	1茶匙	花椒	1汤匙
盐	1茶匙	干辣椒	2个
食用油	3汤匙		

做法：

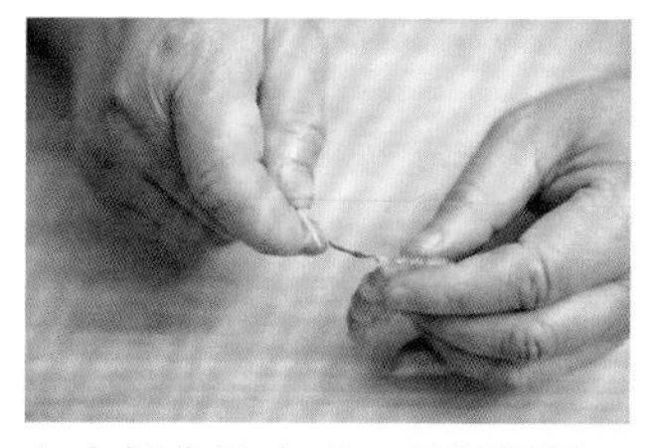

1 大虾去头去壳，仅留尾部，挑去虾线，洗净沥干水分。

2 蛋清中加入1茶匙黑胡椒粉和1/2茶匙盐，将处理好的虾仁放入，翻拌均匀，腌渍片刻。

3 大蒜去皮洗净，用压蒜器压成蒜蓉；干辣椒掰碎。

4 炒锅烧热，加入3汤匙食用油，将花椒、蒜蓉、干辣椒放入爆香。

5 加入面包糠和1/2茶匙盐，翻炒均匀，关火备用。

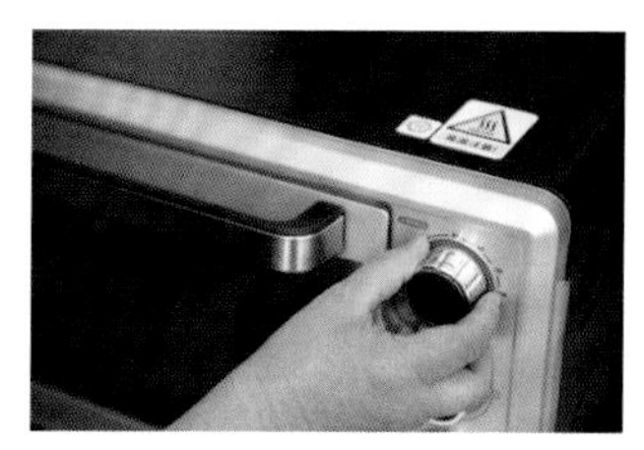

6 烤箱预热至210℃，烤盘包裹锡纸。

7 将炒好的面包糠倒入烤盘，腌渍好的虾仁摆放在面包糠上，晃动烤盘，使虾仁裹满面包糠。

8 放入烤箱中层，烘烤15分钟即可。

椒盐皮皮虾

咸香入味又肥美

烹饪时间 30分钟

难易程度 中等

– 特色 –

虽然皮皮虾相较于普通的虾，剥壳的难度大了许多，却依然阻挡不了人们对它的热爱。即便费劲辛苦，但在品尝到虾肉的一瞬间，还是会心情愉悦得想跳舞。

主料：

皮皮虾	500克

辅料：

花椒	1汤匙
盐	1茶匙
食用油	2汤匙

TIPS

现做的椒盐香气特别浓郁，但是如果嫌麻烦，也可以直接购买市售椒盐粉来代替。

做法：

1 花椒放入微波炉可用容器中，放入微波炉，中高火加热1分钟，取出晾凉备用。

2 皮皮虾洗净，放入沸水中烫1分钟，捞出沥干水分。

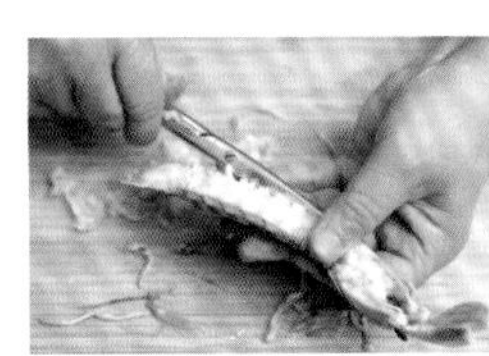

3 用厨房剪刀剪去头尾的刺、所有的虾脚，并剪去腹部的软壳。

4 烤盘包裹锡纸，刷上1汤匙食用油，将处理好的皮皮虾腹部朝上，整齐摆放入烤盘内。

5 将步骤1已经晾凉的花椒放入料理机内，打成花椒粉，加入1茶匙盐成椒盐粉。

6 烤箱预热至200℃；将剩余的食用油淋在烤盘内的皮皮虾上。

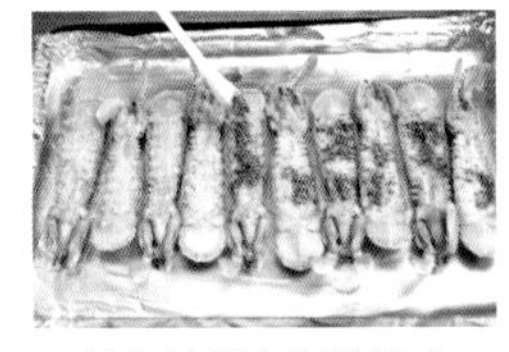

7 均匀地撒上椒盐粉末。

8 送入烤箱中层，烘烤10分钟左右即可。

柠汁奶酪焗龙虾

五星级奢华享受

烹饪时间 25分钟

难易程度 简单

– 特色 –

原产于中南美洲和墨西哥的大龙虾，体形硕大，肉质鲜美，是顶尖餐厅的挚爱。其实只要用对方法，价格实惠的冷冻龙虾也可变身为星级餐厅的奢华菜品！

主料：		辅料：	
冷冻对切龙虾	1只	黄油	20克
柠檬	半个	海盐	适量
马苏里拉奶酪丝	100克	现磨黑胡椒	适量
		法式混合香草	适量

TIPS

- 活的澳洲龙虾处理起来比较麻烦，不建议非专业厨师烹饪。可从大型超市的冷冻货柜直接购买冷冻对切好的龙虾，烹饪方便，口感也不差。
- 如果购买的是整块的马苏里拉奶酪，可以用刨丝器将奶酪刨成细丝，或是切成小块再使用。

做法：

1 将冷冻对切龙虾自然解冻，略为冲洗一下，用厨房纸巾吸干多余水分。

2 烤箱预热至200℃，烤盘包裹锡纸。

3 黄油放入微波炉可用容器中，中高火30秒融化。

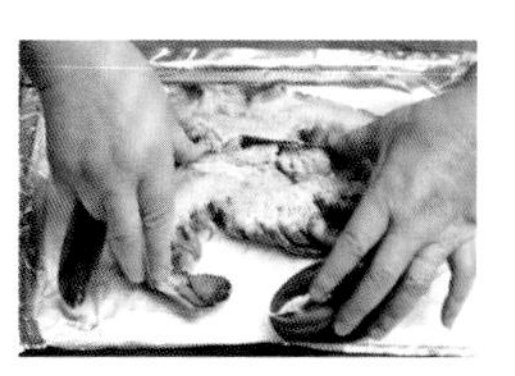

4 将黄油倒入烤盘，用毛刷刷均匀；将龙虾切面朝上摆放在烤盘内。

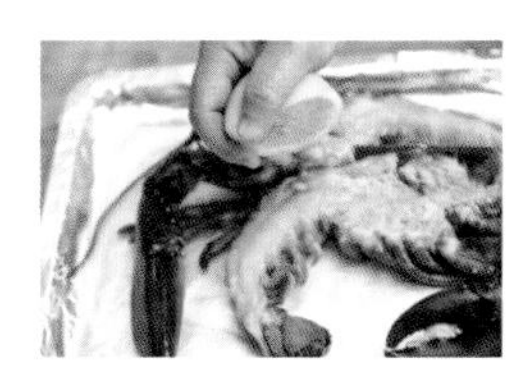

5 在虾肉上挤上大部分的柠檬汁（留少许不要挤干净，备用）。

6 研磨上薄薄一层海盐及黑胡椒。

7 在虾肉上堆放上马苏里拉奶酪丝，撒上适量的法式混合香草。

8 放入烤箱中层烘烤15分钟，至奶酪融化即可取出，食用前再挤上剩余的柠檬汁即可。

麻辣龙虾球

贵者不会，会者不贵

烹饪时间　1小时

难易程度　简单

– 特色 –

不知从什么时候开始，街边实惠又好吃的小龙虾，一瞬间身价暴涨，动辄百元以上的身价只得一斤，还不够一个人吃个过瘾。掌握了这份食谱，买上两斤小龙虾，自己做上一大份，吃得过瘾又省钱，嗯，这就是所谓的会者不贵！

营养贴士

小龙虾能够适应污染环境，得益于它良好的排毒减毒机制，它能把重金属转移到外壳，然后通过不断蜕皮把毒素排出体外，目前研究显示，小龙虾中的重金属大多集中在虾鳃、内脏和虾壳中，因此食用虾肉无需太过担心。小龙虾体内的蛋白质含量很高，还富含多种矿物质以及虾青素，能保护心血管系统、防止动脉硬化。

TIPS

- 花椒及辣椒的用量仅为指导用量，可以依据个人口味自行调整。
- 市售的鲜活小龙虾处理起来极为麻烦，可选购已经处理好的龙虾球会方便很多。或者也可以加少许费用请店家代劳。
- 烤好后可以依据个人口味选择是否添加一些香菜来提味。

主料：

新鲜小龙虾　1000克

辅料：

干朝天椒	50克	盐	1茶匙
花椒	30克	白砂糖	1/2汤匙
大葱	1棵	生抽	2汤匙
生姜	1小块	食用油	2汤匙
大蒜	1头		

做法：

1 大葱洗净去根，斜切成葱段；生姜洗净切片；大蒜去皮洗净，用压蒜器压成蒜蓉。

2 炒锅烧热，加入食用油，放入朝天椒和花椒以及葱姜蒜，爆炒出香味。

3 加入盐、白砂糖和生抽，继续翻炒均匀后关火。

4 小龙虾冲洗干净，用小牙刷仔细刷干净小龙虾的腹部。

5 将小龙虾倒入步骤3炒好的调味料中，翻拌均匀，腌渍半小时以上。

6 烤箱预热至180℃，烤盘包裹锡纸。

7 将小龙虾以及所有调味料放入烤盘内，平铺均匀。

8 送入烤箱中层烘烤20分钟即可。

爆汁花蛤

烤足两斤才过瘾

烹饪时间　浸泡1小时＋烹饪20分钟

难易程度　简单

– 特色 –

花蛤非常鲜美，处理简单，烹制容易，价格又特别实惠，是大众喜爱的食材。用外食一小盘的价格，不妨去市场采购两斤，用烤箱烤上一大盘，边看球赛边解馋吧！

主料：

花蛤	1000克

辅料：

盐	少许	生抽	1/2汤匙
香油、料酒	各1汤匙	白砂糖	1茶匙
葱白	1小段	甜面酱	1/2茶匙
大蒜	半头	黄豆酱	1/2茶匙
蚝油	1汤匙	番茄酱	1汤匙

TIPS

购买花蛤时尽量挑选鲜活的（会吐水），尤其是夏天。烤出后没有开口的花蛤是死蛤，请不要食用。

做法：

1 将花蛤放入淡盐水中，在水里加1汤匙香油，浸泡1小时左右让花蛤吐沙。

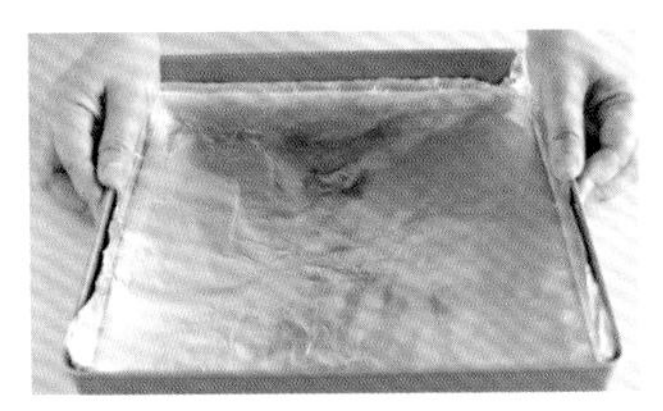

2 烤盘包裹好锡纸。

3 将花蛤捞出，沥干水分，放入烤盘内。

4 葱白切成细丝；大蒜洗净去皮，切成蒜片，撒入烤盘中。

5 烤箱预热220℃，料酒、蚝油、生抽、白砂糖、甜面酱、黄豆酱、番茄酱和1汤匙清水混合调匀成酱汁，淋在烤盘内。

6 送入烤箱，烘烤15分钟即可。

– 特色 –

生蚝又称牡蛎，号称“天上地下第一鲜”，在地中海沿岸，渔民们甚至直接食用刚从礁石上撬下的生蚝，以获得最原始的鲜味。当这么美味的食材，搭配辛香的黑胡椒和浓郁的蒜蓉，世间有谁能够抗拒呢？

主料：	
生蚝	8只
大蒜	2头

辅料：	
黄油	10克
花生油	2汤匙
盐	1/2茶匙
生抽	1/2汤匙
现磨黑胡椒	适量

TIPS

炒蒜蓉时千万不可用大火，因为后续还要经过高温烘烤，如果炒到金黄色再送入烤箱，味道会发苦，大大影响口感。

黑椒大蒜烤生蚝

入市子鱼贵，堆盘牡蛎鲜

烹饪时间 25分钟

难易程度 简单

做法：

1 烤盘包裹好锡纸；生蚝洗净，沥干水分。

2 大蒜洗净，去皮，用压蒜器压成蒜蓉。

3 炒锅烧热，加入10克黄油和2汤匙花生油，倒入蒜蓉后转小火，炒1分钟左右。

4 加入1/2茶匙盐和1/2汤匙生抽调味，关火备用。

5 烤箱预热至200℃，将生蚝摆放在烤盘上，将炒好的蒜蓉盛在蚝上，依照个人口味撒上适量的现磨黑胡椒。

6 盖上一层锡纸，送入烤箱中层，烘烤10分钟后拿出，揭掉上层覆盖的锡纸，继续烘烤3～5分钟即可。

蒜蓉粉丝烤扇贝

海中珍品，盘中美餐

烹饪时间 50分钟

难易程度 中等

- 特色 -

扇贝是异常鲜美的贝类，与蒜蓉粉丝一同烹制，不仅颜值颇高，吃起来也更加满足，三种食材的和谐搭配，带来极富层次感的品尝体验。

主料：

扇贝	6枚
粉丝	1小把
大蒜	1头

辅料：

生姜	1小块
料酒	1茶匙
生抽	1/2汤匙
老抽	1/2茶匙
蒸鱼豉油	1茶匙
食用油	2汤匙
小红泡椒	2个
香葱	1根

营养贴士

扇贝肉质鲜美，营养丰富，它的闭壳肌干制后即是“干贝”，被列入中国“八珍”之一。扇贝富含蛋白质、核黄素、钙、磷、锌等营养物质，能够健脑明目、润肠护肤、活血抗癌。扇贝还含一种特殊物质，能够有效抑制体内胆固醇的合成，保护心脑血管。

TIPS

如果不喜欢姜蓉的味道，也可以仅在腌渍步骤加入几个姜片，之后用纯蒜蓉来制作，一样好吃。

做法：

1 将扇贝肉和壳分离，贝肉处理干净（去掉沙包、抽去黑线），贝壳也洗刷干净。

2 大蒜去皮洗净，压成蒜蓉；生姜也剁成姜蓉。

3 洗净的贝肉放入小碗，加入料酒，和1/5的蒜蓉、姜蓉，腌渍10分钟。

4 粉丝用热水泡软；小红泡椒切成泡椒圈；香葱洗净切成葱花。

5 将蒸鱼豉油、生抽、老抽一起放在小碗内；捞出泡软的粉丝，沥干水分，放入调料碗中拌匀。

6 烤盘包裹锡纸，将贝壳摆放好，卷起一小撮粉丝，放入贝壳，然后放上腌好的贝肉。

7 剩余的蒜蓉和姜蓉混合好放入小碗内，食用油烧热后浇上，拌匀。

8 烤箱预热至200℃；将油炝蒜姜蓉用茶匙辅助放在扇贝上，点缀切碎的红泡椒圈，放入烤箱烘烤20分钟，取出后撒上葱花即可。

蒜香带子

鲜香肥美，停不下嘴

烹饪时间 浸泡1小时+烹饪30分钟

难易程度 中等

- 特色 -

带子肉质肥美，价格也不贵。而在诸多烹饪方法中，以蒜香烧制最为提味。将肥美的带子和炒得喷香的蒜蓉一起送入烤箱，鲜美香浓的滋味，还未烤好就让人垂涎欲滴了。

主料：

带子	3个
大蒜	2头

辅料：

黄油	30克
盐	1/2茶匙
生抽	1/2汤匙
蒸鱼豉油	1/2汤匙
新鲜朝天椒	2个
香葱	2根

营养贴士

带子高蛋白、低脂肪、易消化，是晚餐的极佳选择。带子中含有被称为“代尔太7-胆固醇”和“24-亚甲基胆固醇”的物质，具有降低血清胆固醇的作用，可抑制胆固醇在肝脏合成和加速排泄胆固醇。

TIPS

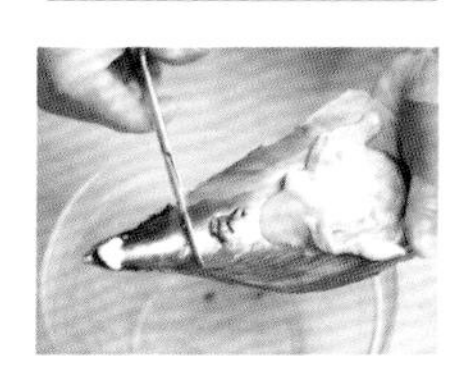

如果烤的数量比较多，而烤盘又比较小，可以将长长的带子壳修剪小一些，以方便摆放。

做法：

1 带子浸泡1小时后，冲洗3遍，去除黑色部分的内脏。

2 烤盘包裹锡纸，将带子摆放在烤盘上。

3 大蒜洗净，去皮，用压蒜器压成蒜蓉。

4 炒锅内加入黄油，开小火慢慢融化，然后倒入蒜蓉翻炒1分钟左右。

5 加入盐、生抽和蒸鱼豉油，翻拌均匀，关火。

6 新鲜朝天椒洗净去蒂，切成细细的小圈；香葱去根洗净，切成香葱碎。

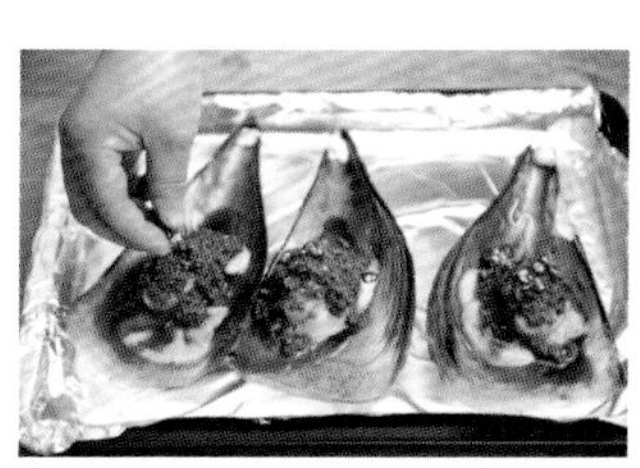

7 烤箱预热至200℃，将带子摆放在烤盘上，将炒好的蒜蓉盛在带子上，再点缀上一点朝天椒。

8 放入烤箱中层，烘烤20分钟，取出后撒上香葱碎即可。

葱油焗青口
翡翠贻贝青葱鲜
烹饪时间：20分钟
难易程度：简单

- 特色 -

青口，学名翡翠贻贝，渤海地区称之为“海虹”，干制后称为“淡菜”，肉质肥美，广受世界各国食客的喜爱。以中式葱花炼油调味，西式烤箱焗烤，中西合璧，滋味非常美妙。

主料：

冷冻青口贝	8只
香葱	100克

辅料：

食用油	4汤匙
生抽	4茶匙
酒酿	2汤匙

做法：

1 将冷冻青口贝用流动的清水解冻并洗去表面杂质；除去内侧纤毛（已处理好的青口贝可略过此步骤）。

2 烤箱预热至180℃，烤盘包裹锡纸，将青口贝整齐摆放在烤盘内。

3 将4茶匙生抽和2汤匙酒酿混合均匀，用茶匙淋在青口贝上。

4 送入烤箱中层，烘烤10分钟。

5 烘烤期间准备葱油：香葱去根洗净，切成葱花。

6 炒锅烧热，加入4汤匙食用油，加热到开始冒烟的程度，关火，放入2/3切好的葱花。

7 用漏勺捞出葱花，仅保留葱油，待青口焗烤好后马上淋在青口贝上。

8 点缀上余下的1/3的葱花即可。

营养贴士

青口贝不仅肉质鲜美，有着海水淡淡的咸鲜味，还富含蛋白质，能够提高人体免疫力、利尿消肿、补肾虚、祛脂降压，对体弱、畏寒、腰酸等有着明显的食疗效果。

TIPS

- 如果使用新鲜青口，需要先放入开水中烫一下使壳打开，再进行后续操作，注意烫的时间不能过久，一开壳马上捞出。
- 现榨葱油味道最鲜，所以要把握好时间，在焗烤结束前的一两分钟再榨取葱油，以获得最佳口感。

咖喱烤雪蟹钳

咖喱正浓，蟹钳正肥

烹饪时间：40分钟

难易程度：[illegible]

– 特色 –

雪蟹钳是一款难得的[illegible]材，价格适[illegible]质鲜美，烹制食用都很方便，做[illegible]品还显[illegible]端大气上档次。利用现成的咖喱膏，稍[illegible]一份香浓无比又艳惊四座的拿手菜。

主料：

冷冻雪蟹钳	500克
块状咖喱	100克
洋葱	1个

辅料：

香葱	1把
椰浆	100毫升
食用油	2汤匙

营养贴士

咖喱起源于印度，“咖喱”一词来源于泰米尔语，是“许多的香料加在一起煮”的意思，除了能增加食物色香味之外，还能促进胃酸分泌，令人胃口大增，同时更能令食物保存更久。

TIPS

购买块状咖喱时请依据个人口味选择辣度，辣度标识一般位于包装正面。

做法：

1 将冷冻雪蟹钳自然解冻，用清水略微冲洗干净，沥干水分备用。

2 洋葱去皮去根，洗净后切成半圆形的洋葱丝。

3 炒锅烧热，加入2汤匙食用油，然后倒入洋葱丝略微翻炒，关火，盛出备用。

4 另起小锅，加入椰浆，小火加热至微微沸腾，放入咖喱块，搅拌至咖喱块完全化开，关火。

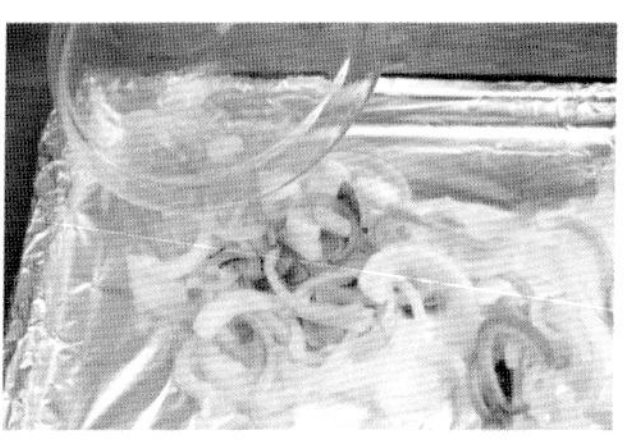

5 烤箱预热至190℃，烤盘包裹锡纸，将炒好的洋葱丝倒进锡纸中。

6 将雪蟹钳摆放在洋葱丝上，淋上熬好的椰浆咖喱汁。

7 覆盖上另外一张锡纸，四周包裹紧实，送入烤箱中层，烘烤25分钟。

8 香葱去根洗净，切成葱花；雪蟹钳烤好取出后，将上层锡纸划开十字口，揭开，撒上葱花即可。

黑椒奶酪焗烤雪蟹钳

香浓奶酪遇上蟹的鲜美

烹饪时间 50分钟

难易程度 中等

- 特色 -

《红楼梦》中林黛玉赞蟹“螯封嫩玉双双满，壳凸红脂块块香”。肥美鲜嫩的蟹肉，配上香浓的奶酪，经一番旺火焗烤，又会是怎样的诱人滋味呢？

营养贴士

蟹肉中含有丰富的蛋白质、磷、铁和磷脂等，是秋季养生必不可少的食疗大餐，美味与养生两不误。《本草纲目》记载：螃蟹具舒筋益气、理胃消食、通经络、散诸热、散瘀血之功效。但要注意，蟹肉与柿子不宜同食，否则易引致呕吐、腹痛等。

TIPS

购买蟹钳时，请尽量选择已经剥去部分蟹壳的蟹钳，这样不仅更易入味，食用起来也更加方便。

主料：

冷冻雪蟹钳	500克

辅料：

橄榄油	1汤匙	现磨黑胡椒	适量
黄油	20克	喜马拉雅粉红盐	适量
黑椒酱	2汤匙		
马苏里拉奶酪	100克		

做法：

1 冷冻的雪蟹钳放在流动的清水下解冻。

2 烤盘包裹好锡纸，刷上一层橄榄油。

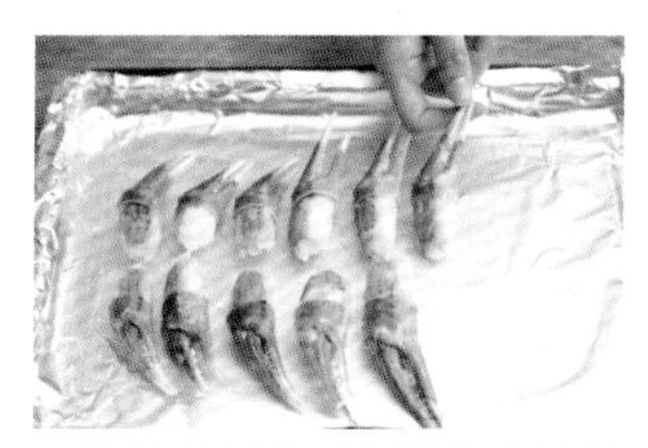

3 将处理好的雪蟹钳整齐地码放在烤盘内。

4 烤箱预热至190℃；黄油放入微波炉中融化成液体。

5 黑椒酱加3大汤匙清水调匀。

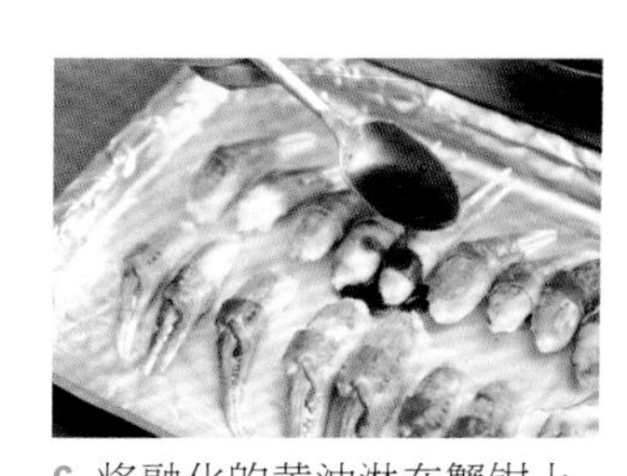

6 将融化的黄油淋在蟹钳上，撒上少许喜马拉雅粉红盐，然后淋上黑椒酱。

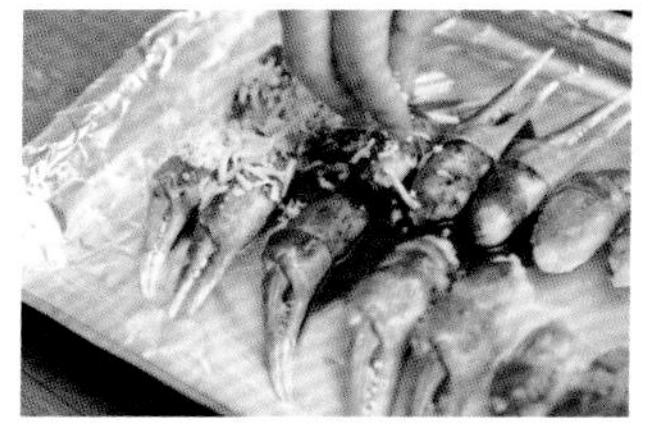

7 马苏里拉奶酪切碎，撒在蟹钳上，研磨上适量的黑胡椒。

8 将烤盘送入烤箱中层，烘烤15分钟，待奶酪完全融化并出现金黄色的斑点即可。

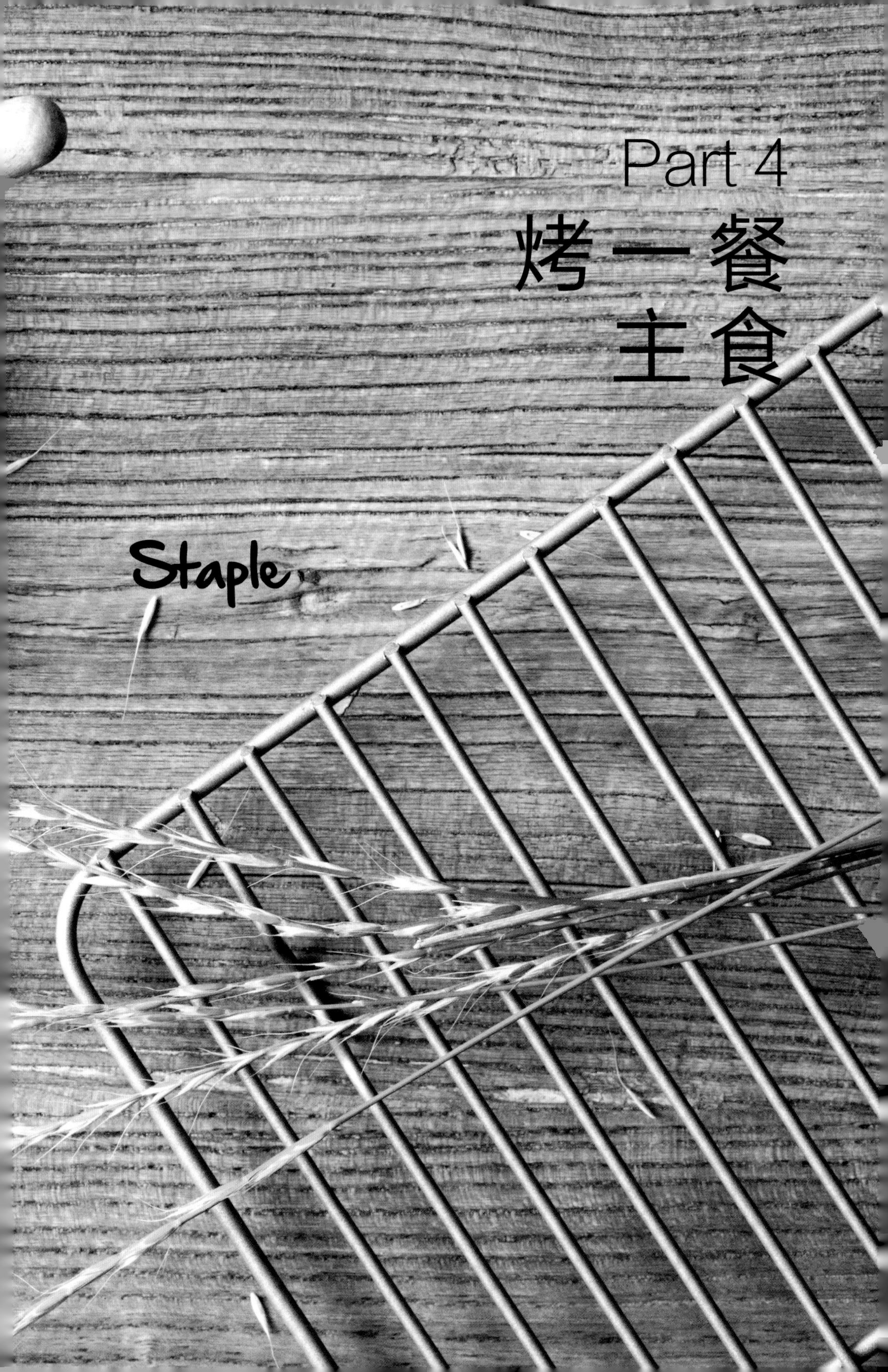

Part 4
烤一餐主食

Staple

海鲜比萨（12寸）

品尝大海的鲜味

烹饪时间　1小时

难易程度　中等

- 特色 -

海鲜比萨特别鲜美，但在比萨店内往往也价格高昂。有了这份食谱，你就可以在家自制实惠的海鲜比萨，一次吃个过瘾啦！

主料：

中筋面粉	300克
水	180克
盐	2克
橄榄油、黄油	各10克
番茄	1个
洋葱	半个
速冻青豆	100克
青椒	1个
虾仁、鱿鱼圈	各100克
马苏里拉奶酪丝	100克

辅料：

盐、橄榄油	各少许
酵母粉	6克
比萨草	少许

营养贴士

比萨草又名牛至叶，用于食疗方面，可以增强消化系统的功能。

TIPS

- 处理青椒时，用手指按住青椒蒂的外缘，向青椒内推入后再拔出，即可连蒂带子取出；用带锯齿的锋利小刀轻轻划动切割，不要向下压，即能切出漂亮的青椒圈。
- 摆放食材时可以随意凌乱，也可以将青椒圈与鱿鱼圈交错摆放，再撒入其余食材，做出与众不同的独家花样比萨。

做法：

1 180克水加热至35℃，撒入酵母粉，搅拌均匀。

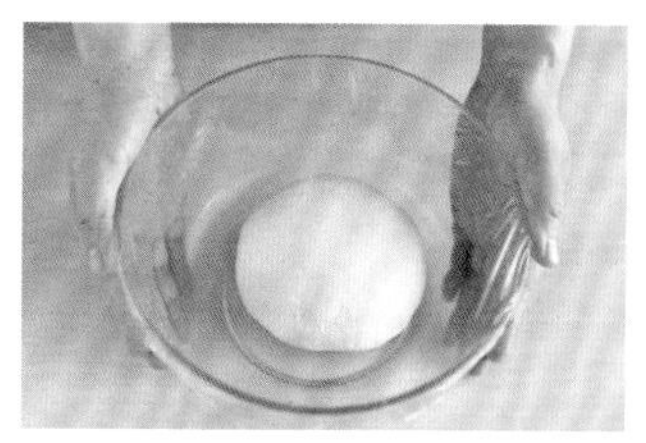

2 加入中筋面粉，撒2克盐，加入10克橄榄油，揉匀成面团，用保鲜膜盖好，静置15分钟。

3 番茄去蒂洗净，切碎；洋葱去皮去根，洗净，切碎。

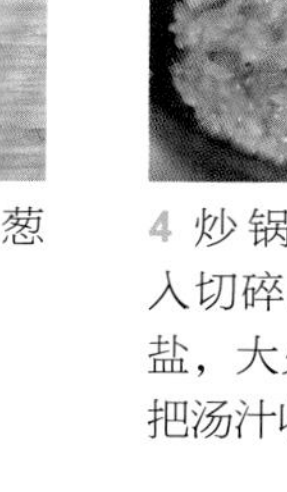

4 炒锅烧热，放入黄油，倒入切碎的番茄和洋葱，撒少许盐，大火爆炒1分钟后转中火，把汤汁收到浓稠后关火备用。

5 将步骤2醒发好的面团用擀面杖排气，擀成与比萨盘同等大小的圆饼，注意周边略厚，中间薄，可以用手辅助整形。

6 比萨盘刷上少许橄榄油防粘，铺上面饼，放入烤箱网架上，于底部放一碗开水，关上门，静置20分钟待面饼发酵。

7 速冻青豆、虾仁与鱿鱼圈洗去浮冰，沥干水分；虾仁挑出虾线；青椒洗净，去蒂去子，切成青椒丝。把烤箱中的水碗和比萨盘取出，预热至210℃。

8 将步骤4炒好的比萨酱均匀涂抹在比萨底坯上，铺上青椒丝和鱿鱼圈、虾仁、青豆、比萨草、马苏里拉奶酪丝，烤箱中层烘烤20分钟左右，至表面奶酪变成淡淡的金黄色即可。

培根玉米芦笋比萨（12寸）

美色当前，垂涎欲滴

烹饪时间　1小时

难易程度　中等

- 特色 -

粉红色的培根，金黄色的玉米，碧绿的芦笋，艳丽的色彩让人还未品尝就食指大动，迫不及待要把这满盘缤纷吃下去了！

主料：

中筋面粉	300克	番茄	1个	速冻玉米粒	50克
水	180克	洋葱	半个	马苏里拉奶酪丝	100克
盐	2克	培根	8片		
橄榄油、黄油	各10克	芦笋	200克		

辅料：

盐、比萨草	各少许
酵母粉	6克
现磨黑胡椒	适量
橄榄油	少许

营养贴士

芦笋含硒量高于一般蔬菜，可防癌抗癌，抗老防衰。

TIPS

- 酵母与盐切记不可接触，否则会严重影响酵母的活性，所以一定要遵守步骤1、2的每一个动作。
- 烤箱内放一碗开水是为了使面团发酵达到最佳湿度和温度，如室温达到25℃以上，也可仅在披萨盘上包好保鲜膜，静置25～30分钟，继续后面的步骤。
- 没有芦笋，也可用其他蔬菜，如青椒、青豆等，但是不能选择水分过多的蔬菜。

做法：

1 180克水加热至35℃，撒入酵母粉，搅拌均匀。

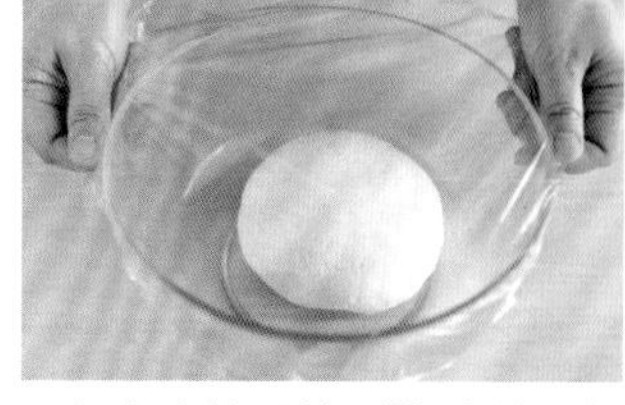

2 加入中筋面粉，撒2克盐，加入10克橄榄油，揉匀成面团，用保鲜膜盖好，静置15分钟。

3 番茄去蒂洗净，切碎；洋葱去皮去根，洗净，切碎。

4 炒锅烧热，放入黄油，倒入番茄和洋葱，撒少许盐，大火爆炒1分钟后转中火，把汤汁收浓关火。

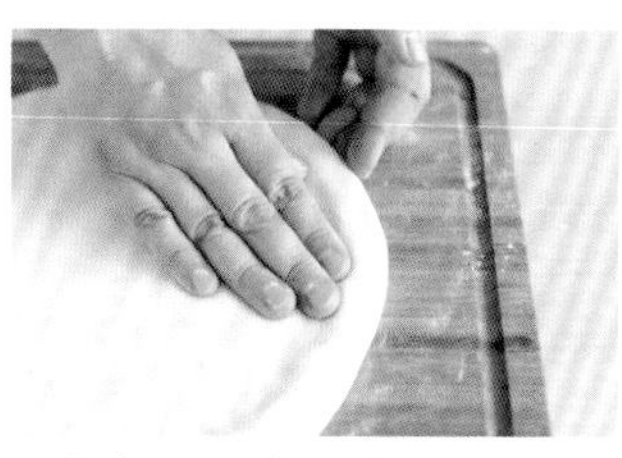

5 将步骤2醒发好的面团用擀面杖排气，擀成与比萨盘同等大小的圆饼，注意周边略厚，中间薄，可以用手辅助整形。

6 比萨盘刷上少许橄榄油防粘，铺上面饼，放入烤箱网架，于烤箱底部放一碗开水，关上烤箱门，静置20分钟待面饼发酵。

7 培根沿短边切成宽约1厘米的小片；芦笋以15°夹角斜切成宽约1厘米的小段；速冻玉米粒洗净沥干。

8 把烤箱中的水碗和比萨盘取出，预热至210℃；将步骤4炒好的比萨酱涂抹在比萨底坯上，铺上培根、芦笋、玉米粒、现磨黑胡椒、比萨草、马苏里拉奶酪丝，入烤箱中层，烘烤20分钟左右，至奶酪变成淡淡的金黄色即可。

口蘑鸡肉黑椒比萨（12寸）

比萨界的黄金组合

- 特色 -

口蘑滑嫩，鸡肉喷香，点缀提味的黑胡椒，堪称比萨界的黄金组合。从原料开始，烤制一张比萨吧，满满的成就感会让你欲罢不能。

营养贴士

口蘑富含维生素D、麦硫因、硒等营养元素，能够抗癌、抗氧化、抗病毒，并预防骨质疏松。

TIPS

- 做完步骤1后，静置3~5分钟，观察是否有小气泡产生于水面，如果没有则证明酵母已经失效或者活性降低，做出的比萨底会发酵失败，影响口感。
- 擀比萨底坯时，会出现反复回缩的情况，只需要将面饼翻面再擀就能解决。
- 放入比萨盘整形面饼时，用手辅助，从中间往四周推，即可做到中间薄，周围厚。

主料：

中筋面粉	300克	黄油、橄榄油	各10克
水	180克	口蘑	200克
盐	2克	鸡胸肉	200克
番茄	1个	马苏里拉奶酪丝	100克
洋葱	半个		

辅料：

盐	少许
酵母粉	6克
现磨黑胡椒	适量
比萨草	少许
橄榄油	少许

做法：

1 180克水加热至35℃，撒入酵母粉，搅拌均匀。

2 加主料中的面粉、盐、橄榄油，揉成面团，盖保鲜膜，放15分钟。

3 番茄去蒂洗净，切碎；洋葱去皮去根，洗净，切碎。

4 炒锅烧热，放入黄油，倒入番茄和洋葱，撒少许盐，大火爆炒1分钟后转中火，把汤汁收浓关火。

5 步骤2醒发好的面团用擀面杖排气，擀成与比萨盘同等大小的圆饼，注意周边略厚，中间薄，可以用手辅助整形。

6 比萨盘刷上少许橄榄油防粘，铺上面饼，放入烤箱网架，于烤箱底部放一碗开水，关上门，静置20分钟待面饼发酵。

7 口蘑去梗，洗净，沥干水分，切成薄片；鸡胸肉洗净，沥干水分，切成小块。

8 把烤箱中的水碗和比萨盘取出，预热至210℃；将步骤4炒好的比萨酱涂抹在比萨底坯上，铺上口蘑和鸡肉、现磨黑胡椒、比萨草、马苏里拉奶酪丝，入烤箱中层，烘烤20分钟左右，至奶酪变成淡淡的金黄色即可。

法式香片

烤出法式风情

烹饪时间 15分钟

难易程度 简单

– 特色 –

法棍面包是法国的代表食物，在法国，上到米其林星级餐厅，下至寻常百姓家，一道简简单单的法式烤香片都是必备的主食，而且做起来超级容易！

主料：

法棍	1根
大蒜	3瓣
新鲜欧芹	10克
黄油	30克

辅料：

盐	适量

做法：

1 法棍以60° 夹角斜切成厚约1.5厘米的薄片。

2 大蒜洗净，用刀拍松，去皮。

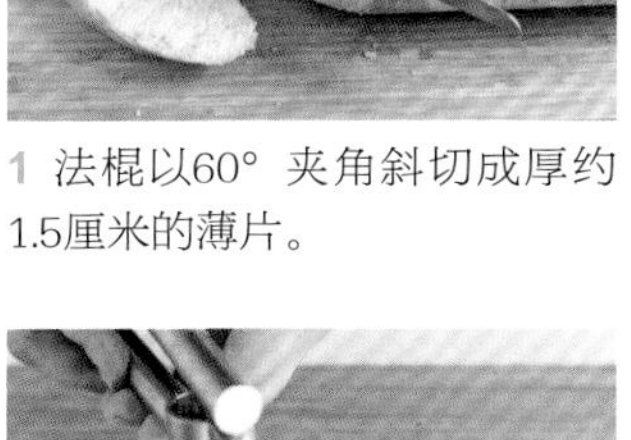

3 将剥好的蒜瓣放入压蒜器压成蒜泥。

4 欧芹洗净，沥干水分，切成碎末。

5 黄油放入小碗中，微波炉加热1分钟，融化成液体状。

6 将欧芹碎和蒜泥放入黄油中，可以根据个人口味略微加一些盐，也可以不加做成原味，佐餐用。

7 烤箱预热至220℃，用毛刷蘸取步骤6调好的黄油香料汁刷在切好的法棍切面上。

8 入烤箱中层，烘烤5~10分钟，至散发出浓郁的香气，略呈金黄色即可。

营养贴士

法式长棍面包的配方很简单，只用面粉、水、盐和酵母四种基本原料，通常不加糖，不加奶粉，不加或几乎不加油，小麦粉未经漂白，不含防腐剂。法棍富含碳水化合物，能补充能量，由于是发酵食品，也更易于消化吸收。

TIPS

如果买不到新鲜欧芹，可以用干燥的欧芹碎代替，用量减少到3~5克即可。

奶香朗姆提子司康

来自苏格兰高地的传说

烹饪时间 1小时

难易程度 中等

– 特色 –

相传在英国维多利亚时期，一位名叫安娜·罗塞尔德的公爵夫人，仿照皇室加冕处的一块被称为司康之石的石头，创作出了这款简洁快速且美味的点心。

主料：

提子干	30克	泡打粉	5克
朗姆酒、黄油各30克		绵白糖	15克
低筋面粉	125克	牛奶	60毫升

辅料：

盐少许（约1克）

TIPS

- 配方中的提子干也可以根据个人口味替换成蔓越莓干等自己喜欢的果脯。
- 泡打粉最好选用无铝配方的，吃起来才健康，对人体无害。

做法：

1 提子干用清水洗净，再用厨房纸巾吸干水分，放入密封盒，倒入30克朗姆酒浸泡半小时。

2 将低筋面粉、泡打粉、绵白糖和少许盐倒入盆中，用刮刀混合均匀。

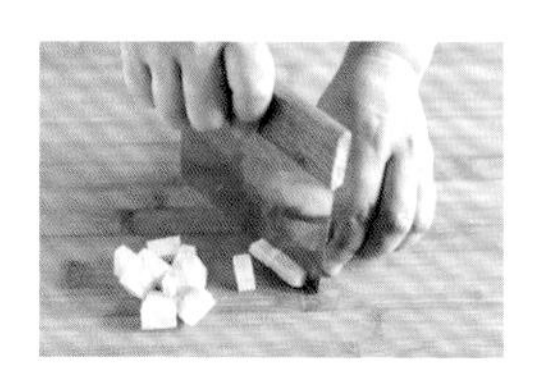

3 将黄油切成1厘米左右的小方块，放入步骤2的盆中。

4 用手将黄油和面粉搓成颗粒状，类似粗沙的状态。

5 一点点加入牛奶，边加入边用刮刀辅助搅拌，直至牛奶全部被吸收，没有干粉。

6 将步骤1泡好的提子干加入步骤5，注意保留一点朗姆酒汁备用。烤箱预热到190℃。

7 用手将提子揉入面团内，使面团呈现基本光滑的状态，擀成厚约2厘米的圆饼，然后切成八个均等的扇形。

8 将步骤6剩余的朗姆酒汁用毛刷刷在面坯表面，将面坯放入烤盘，置于烤箱中层烘烤15分钟即可。

– 特色 –

对于不喜欢吃甜食的人来说，这款小点心真是解馋的好选择：既有面包的松软，又充溢着满口的咸香。

主料：

培根	2片
洋葱	1/4个
高筋面粉	125克
酵母粉	3克
纯净水	60克
黄油	30克

辅料：

橄榄油	1茶匙
盐	2克
现磨黑胡椒	适量
生蛋黄	1个

TIPS

不同于上一个菜谱，这款司康是英式传统发酵型司康。司康的菜谱千变万化，简易的搭配守则就是快发型：泡打粉+低筋粉；发酵型：酵母粉+高筋粉。

做法：

1 洋葱去皮，切去根部，洗净，取1/4，放入切碎机切成碎粒；培根解冻后切成碎粒。

2 炒锅烧热后加入1茶匙橄榄油，然后倒入洋葱粒和培根粒，中火翻炒1分钟，撒适量的现磨黑胡椒，关火备用。

3 将面粉和盐倒入盆中混合；黄油切成1厘米的小方块，放入盆中。

4 用手将黄油和面粉搓成颗粒状，类似粗沙的状态。

5 纯净水加热至35℃，撒入酵母粉，搅拌均匀，倒入步骤4的盆中。

6 用手将面团揉至没有干粉的状态，加入步骤2炒好的洋葱培根粒，揉匀，盖好保鲜膜静置5分钟。

7 再次将面团揉至光滑，擀成2厘米厚的圆形，切成8个扇形，送入烤箱，于烤箱底部放置一碗开水，关上烤箱门，待30分钟发酵。

8 待面团发至两倍左右，取出烤盘和水碗，烤箱预热190℃，将蛋黄液刷在司康表面，烘烤15分钟至表面金黄。

超健康烤馍干

简易馍干自己做

烹饪时间　冷藏1晚+烹饪35分钟

难易程度　简单

– 特色 –

相信很多长辈都特别喜爱烤馍干的味道，那是属于他们的美食记忆。当你家中有了烤箱，烤出一份香香脆脆的烤馍干，别提多容易了，还可以控制油、盐的分量，简单又健康！

主料：

馒头	2个	橄榄油	30克

辅料：

盐	少许
五香粉 / 孜然粉 / 咖喱粉	适量

TIPS

挑选用来烤馍干的馒头时，尽量选用较为硬实的大馒头，而不是那种很暄软的低价小馒头，这样烤出的馍干形状和口感都会更好。健康的全麦馒头也是很好的选择。

做法：

1 馒头提前一晚放入冰箱冷藏，使淀粉老化。

2 将冷藏后的馒头切成厚约0.5厘米的薄片。

3 将馒头片摆放在烤网上；烤箱预热至150℃。

4 用毛刷蘸取橄榄油，薄薄刷在馒头片上。

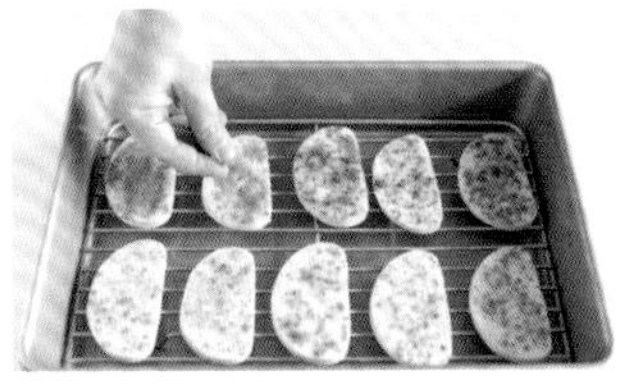

5 撒上适量的盐、五香粉（或孜然粉、咖喱粉）。

6 放入烤箱，烘烤30分钟，之后不要打开烤箱，继续留在里面利用余温使馍片干燥得更充分。

锅巴

永远是那个馋嘴的小孩

烹饪时间 2小时

难易程度 中等

– 特色 –

80后的童年美食记忆中，锅巴必须占有一席之地。咸咸香香脆脆，最适合边看电视边吃。利用剩饭制作一份香脆的锅巴，美味、实惠，还能满足内心那个长不大的小孩。

主料：

剩米饭	200克
黑芝麻	1汤匙

辅料：

盐	1茶匙
花生油	1汤匙
孜然粉（或五香粉、辣椒粉、咖喱粉、黑胡椒粉）	适量

TIPS

还可以用小米蒸成的小米饭来制作，即是小时候人人都爱吃的小米锅巴。

做法：

1 剩米饭放入大碗中，加入1汤匙黑芝麻、1茶匙盐和1汤匙花生油。

2 用刮刀将调料和米饭拌匀。

3 将拌好的米饭放入大号的保鲜袋中。

4 用擀面杖擀平，越薄越好。

5 放入烤盘中，置于冷冻室半小时。

6 从冰箱中取出，小心剪开保鲜袋，将米饭饼放在案板上，用比萨刀划成小块。移到铺好防粘油布的烤盘上。

7 在切好的米饭片上撒上适量喜欢的调味粉。将烤箱预热至150℃。放入烤箱中层，烤30～40分钟，熄火后建议留在烤箱内，利用余温烤干所有水分。彻底冷却后即可变得非常香脆。

焗土豆泥

老少咸宜好滋味

难易程度

— 特色 —

土豆泥堪称是男女老幼通杀的一款美食，顺滑、香浓、营养丰富。这款加了多种食材的土豆泥，不但营养价值高，在淡奶油和奶酪的辅助下，味道更是不得了，保证你一口接一口吃到停不下来！

主料：

土豆	500克
黄油	50克
淡奶油	100克
培根	4片
速冻青豆	100克
马苏里拉奶酪丝	100克

辅料：

盐	1茶匙
现磨黑胡椒	适量

营养贴士

土豆富含碳水化合物、蛋白质、维生素、膳食纤维等人体必需的营养元素，既可以作为主食，又可以作为蔬菜食用。但需注意，发芽的土豆含有有毒的龙葵碱，不宜食用。

TIPS

• 如果买不到马苏里拉奶酪丝，可以购买整块的马苏里拉奶酪，用擦丝器擦成细丝即可。

• 土豆的品种不同，吸水程度也不同。所以步骤5加入淡奶油时一定要把握好量，调整成合适的状态就行了。

• 如果没有淡奶油，可以用牛奶来代替。

做法：

1 土豆洗净去皮，整颗放入小锅中，加入没过土豆的清水，大火烧开后转小火。

2 煮至用筷子可轻易插透的状态，即为熟透。

3 捞出土豆沥干水分，用压泥器或漏勺将土豆压成泥。

4 趁热撒入盐、现磨黑胡椒和黄油，用刮刀搅拌至黄油完全融化、吸收。

5 淡奶油用小火加热至50℃左右，缓缓加入土豆泥中，边倒边搅拌，直至成为软冰淇淋的硬度。

6 速冻青豆洗去浮冰，沥干水分；培根切成1厘米左右的小块；加入步骤5的土豆泥中拌匀；烤箱预热至220℃。

7 将步骤6拌好的土豆泥装入陶瓷烤碗或者耐热玻璃烤盘中，撒上马苏里拉奶酪丝。

8 放入烤箱中层，烘烤20分钟至表面的奶酪完全融化变成金黄色即可。

辣烤五花肉年糕

酸辣香浓超过瘾

烹饪时间 50分钟

难易程度 中等

– 特色 –

喜欢韩国料理的爽辣香浓？再也不用专门跑去韩国料理店啦！在家也能吃个过瘾！

主料：

韩式年糕条	250克	带皮猪五花肉	100克
白菜	200克		

辅料：

料酒	1汤匙	大蒜	2瓣
韩式辣酱	2汤匙	白砂糖	1茶匙
番茄酱	2汤匙	脱皮白芝麻（熟）	1汤匙

TIPS

年糕根据产地不同、品牌不同，吸水程度均有差异，步骤4煮年糕时注意边搅拌边观察，至柔软即可，防止粘连。

做法：

1 带皮猪五花肉洗净，切成薄片，倒入1汤匙料酒，腌渍备用。

2 大白菜洗净，沥去水分，撕成小块。

3 年糕条切成薄片。

4 烧一锅开水，放入年糕片，中火煮约10分钟。

5 大蒜去皮，用压蒜器压成蒜蓉。

6 取2汤匙韩式辣酱，2汤匙番茄酱，加入蒜蓉和白砂糖，调匀备用；烤箱预热至200℃。

7 将年糕片、五花肉片、大白菜放入烤盘，倒入步骤6调好的酱料，拌匀，放入烤箱中层，烘烤20分钟。

8 出炉后放置于隔热垫上，撒上1汤匙脱皮白芝麻即可。

– 特色 –

这款美食迄今已流传了七个世纪之久，美味盛名却丝毫不减。

主料：		辅料：	
意式千层面皮	250克	橄榄油	3汤匙
牛肉末	250克	盐	适量
番茄	2个	现磨黑胡椒	适量
洋葱	1个	白砂糖	1/2汤匙
面粉、黄油	各25克	豆蔻粉	1/4茶匙
牛奶	200毫升	奶酪粉	1茶匙
切达黄奶酪片	10片	红酒	20毫升
马苏里拉奶酪丝	200克		

TIPS

意式千层面的切面非常漂亮，建议用烤箱专用的耐高温玻璃烤盘来制作。

意式千层面

七个世纪的美食传说

烹饪时间 1小时20分钟

难易程度 高级

做法：

1 黄油放入小锅中，小火加热至融化，倒入面粉，搅拌均匀至没有干粉。

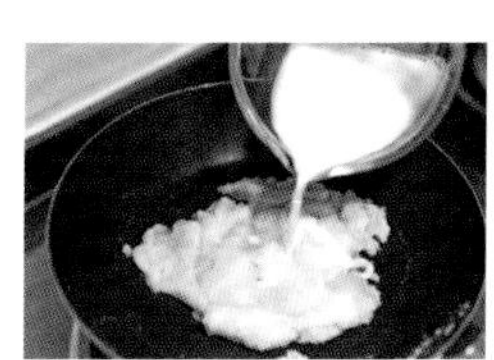

2 一边用刮刀搅拌，一边缓缓倒入牛奶，每次都要将牛奶和面团全部混合均匀才能继续添加。用手动打蛋器搅拌至浓稠的酸奶状即为合适。

3 按个人口味加入少许盐、现磨黑胡椒、豆蔻粉和奶酪粉调味，即为白酱。盖上锅盖或保鲜膜，关火晾凉。

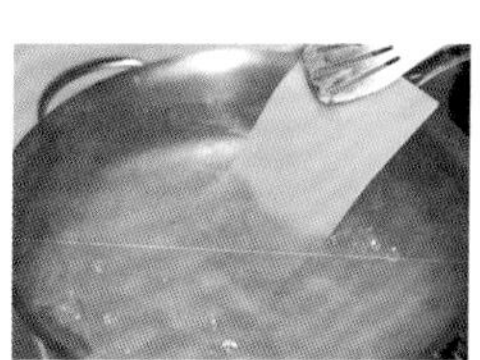

4 另烧一锅开水，加入少许盐，放入意式千层面皮，按包装指示的时间煮熟，捞出，放入冷的纯净水中备用。

5 洋葱去皮洗净切去根部，放入切碎机切成碎粒；番茄去蒂洗净，切成小块；切达奶酪去除包装备用。

6 锅中放油烧热，倒入牛肉末大火翻炒1分钟，加入番茄、盐、白砂糖，翻炒2分钟，加洋葱粒、红酒，大火翻炒1分钟后转中火收汁。

7 烤盘底部刷一层橄榄油，烤箱预热至220℃；按照顺序铺好食材：面皮＋肉酱＋切达奶酪片＋面皮＋白酱＋面皮＋肉酱＋切达奶酪片＋面皮＋肉酱。

8 于最上层撒上马苏里拉奶酪丝。放入烤箱中层，烘烤30分钟至表面奶酪融化变成金黄色即可。

意大利迷迭香佛卡夏

沐浴在托斯卡纳艳阳下

烹饪时间　1小时30分钟

难易程度　中等

- 特色 -

这是一款满是橄榄和迷迭香的意大利传统风味主食，制作简单，颜值高，味道却很不一般。想以西餐宴请客人时，端出这样一份主食，一定会让人印象深刻。

主料：

高筋面粉	350克
水	210毫升
橄榄油	30克
无核黑橄榄	6颗
圣女果	18颗
新鲜迷迭香	3根

辅料：

酵母粉	6克
盐	1茶匙
白砂糖	1汤匙
橄榄油	少许

营养贴士

迷迭香具有镇静、安神、醒脑的作用，对消化不良和胃痛均有一定疗效，具有强壮心脏、促进代谢、促进末梢血液循环等作用，还可以增强注意力、强化肝脏功能、降低血糖，有助于动脉硬化的治疗。

TIPS

新鲜的迷迭香是意大利佛卡夏的灵魂，如果实在购买不到，可以选用干燥的迷迭香或者百里香来代替。

做法：

1 水加热至35℃左右，倒入酵母粉，搅拌均匀。

2 将高筋面粉放入盆中，加入盐、白砂糖拌匀，然后倒入步骤1的酵母水，用筷子或手迅速搅拌，使面粉呈絮状。

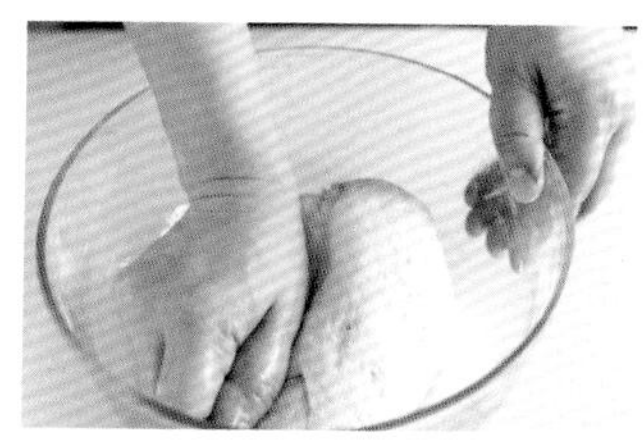

3 加入30克橄榄油，揉成光滑的面团，盖上保鲜膜，进行第一次发酵。

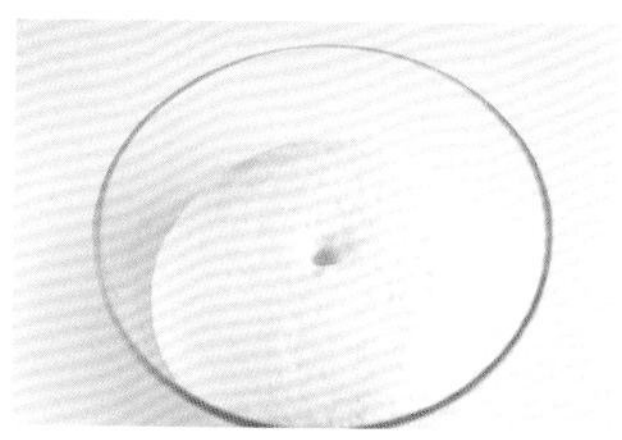

4 待面团发酵至2倍大小，用手指轻戳有洞，不塌陷、不回缩，即为完美的发酵状态。

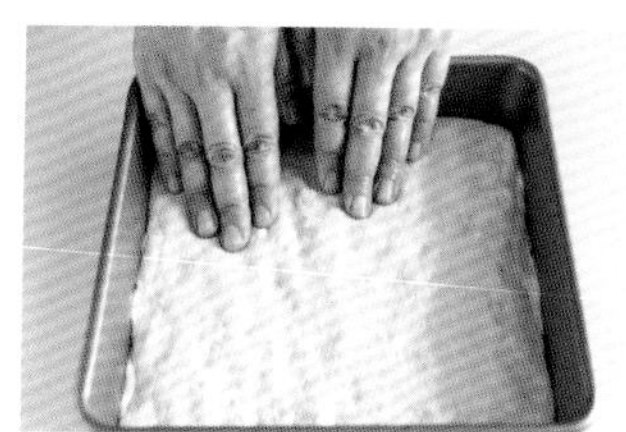

5 在烤盘上刷一层橄榄油，将面团倒入烤盘内，用手指把面团抻满烤盘。

6 圣女果去蒂洗净，对半切开；迷迭香洗净，用厨房纸巾吸干水分；无核黑橄榄每一颗切成3个橄榄圈。

7 将圣女果和黑橄榄圈交替摆放在面团上，撒上迷迭香，覆上保鲜膜，进行第二次发酵（约40分钟）。

8 烤箱预热至200℃，在发酵好的佛卡夏坯上用刷子刷一些橄榄油，送入烤箱中层，烘烤25分钟，至表面呈金黄色即可。

牧羊人派

并不悠久，却很美味

烹饪时间 1小时10分钟

难易程度 中等

– 特色 –

看名字觉得至少有几百年历史的牧羊人派，其实还不到200年的历史，它是在茅屋派的基础上发展而来。在英国，只有羊肉馅做的才可以叫做牧羊人派，其余还是得叫老名字：茅屋派。

主料：

土豆	300克
羊肉末	250克
洋葱	1个
番茄	2个
黄油	20克
牛奶	30克

营养贴士

番茄营养价值非常丰富，生吃可以补充维生素C，熟食可以补充抗氧化剂。它含有的“番茄红素”有抑制细菌的作用；苹果酸、柠檬酸和糖类，有助消化的功能；而果酸能降低胆固醇的含量，对高血脂症很有益处。

TIPS

- 制作牧羊人派的最佳容器为瓷制烤盘，厚度应不超过10厘米。
- 肉馅可以根据自己的口味选择，猪肉、牛肉、羊肉均可。
- 如果想要口感更加精致，可以先用开水将番茄烫一下去皮。
- 如果买不到综合香草，可以加一些干燥的百里香来代替。不放香草会少一些风味，但是对整体口感影响不大。

辅料：

橄榄油	3汤匙	综合香草	1小撮（可选）
大蒜	3瓣	红酒	10毫升（可选）
盐、现磨黑胡椒	各适量	番茄酱	1汤匙（可选）

做法：

1 番茄去蒂洗净，切成小块；洋葱去皮去根，切成碎粒；大蒜去皮，压成蒜泥。

2 炒锅烧热，加入3汤匙橄榄油，放入蒜泥爆香。

3 放入羊肉末，大火翻炒1分钟，加入番茄、盐和现磨黑胡椒，翻炒1分钟后加入洋葱粒。

4 倒入红酒、综合香草和番茄酱，转小火将肉酱炒至基本收干汁水，关火备用。

5 土豆洗净去皮，放入水中煮至用筷子可轻易插透。

6 将煮好的土豆沥干水分，放入盆中，压成土豆泥。

7 趁热加入黄油，搅拌至黄油完全吸收融化；加入少许盐和现磨黑胡椒，缓缓加入牛奶，搅拌均匀；烤箱预热至200℃。

8 将肉酱平铺在容器底部，上面放上土豆泥，覆盖肉酱后用叉子划出明显的条纹，放入烤箱中层，烘烤30分钟至土豆泥略微变成金黄色即可。

奶酪焗饭

一个人的盛宴，一群人的狂欢

烹饪时间 35分钟

难易程度 简单

- 特色 -

剩米饭搭配速冻蔬菜粒、培根、奶酪这些方便购买和储存的食材，转眼就能变成一份美味香浓可以拉丝的奶酪焗饭，一个人也好，一群人也罢，都能吃得尽兴。

营养贴士

很多人在减肥时进入一个误区，就是戒断所有主食（碳水化合物），虽然能减少一定的热量摄入，但是对健康极为不利。米饭饱腹感很强，同时热量相对较低，除了淀粉，它还富含蛋白质、B族维生素、y-谷维素、原花青素等营养物质，有补中益气、健脾和胃、滋阴润肺、除烦渴的作用。

TIPS

如果买不到马苏里拉奶酪，可以用市售切达奶酪片来代替。

主料：

米饭	300克
虾仁	100克
速冻青豆	100克
速冻玉米粒	100克
培根	2片
马苏里拉奶酪丝	150克

辅料：

盐	少许
橄榄油	1汤匙
现磨黑胡椒	适量

做法：

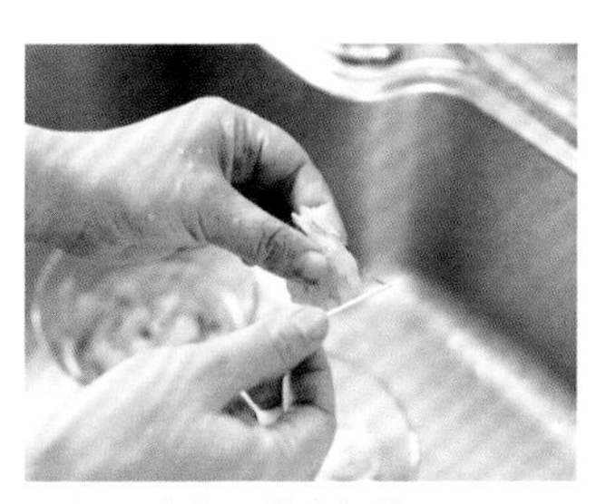

1 虾仁洗净，挑去虾线。

2 烧一锅开水，加少许盐，将虾仁、速冻青豆和速冻玉米粒放入开水中氽烫至虾仁变色后捞出，沥干水分备用。

3 培根切成1厘米见方的小块，放入炒锅中炒熟，加适量的现磨黑胡椒。

4 米饭放入盆中，加少许盐和1汤匙橄榄油，搅拌均匀。

5 加入烫好的虾仁、青豆、玉米粒以及炒好的培根，用筷子拌匀。烤箱预热至210℃。

6 将拌好的米饭放入玻璃烤盘中，撒上马苏里拉奶酪丝，送入烤箱中层烘烤20分钟，至奶酪融化，变成淡淡的金黄色即可。

奶酪肉酱焗意面

让意面来得更加香浓吧

烹饪时间　50分钟

难易程度　中等

- 特色 -

如果你每次吃意面都觉得不够过瘾，还必须加点菜，那么这款意面最适合你：它在传统意面的基础上，加入香浓的奶酪，高温焗烤，每一口吃下都是满足感！

主料：

意大利面	125克
牛肉末	150克
洋葱	半个
番茄	1个
马苏里拉奶酪	100克

辅料：

橄榄油	1茶匙+2汤匙
大蒜	2瓣
盐	少许
白砂糖	1/2汤匙
现磨黑胡椒	适量

营养贴士

大蒜在西餐酱料中有着不可替代的提味功效，同时，大蒜中的某些活性物质具有一定的杀菌作用，大蒜中的含硫化合物和含硒化合物对防癌也有一定的积极效果。

TIPS

根据意面品牌和型号的不同，烹煮时间也有所差异，请仔细阅读包装上的时间指示再操作。

做法：

1 烧一小锅开水，加入1茶匙橄榄油和少许盐。

2 放入意大利面，按照包装指示的时间煮熟。

3 捞出意大利面，放入冷水中浸泡备用。

4 洋葱去皮去根，切成碎粒；番茄去蒂洗净，切成小块；大蒜去皮，压成蒜泥。

5 炒锅烧热，放入2汤匙橄榄油，加入蒜泥爆香。

6 放入牛肉末，大火翻炒1分钟，加入番茄、盐、白砂糖、现磨黑胡椒，翻炒1分钟后加入洋葱粒。

7 转小火将肉酱炒至基本收干汁水，关火备用；烤箱预热至180℃。

8 将煮好的意面与炒好的肉酱拌匀，放入玻璃烤盘内，在顶端撒上马苏里拉奶酪丝，放入烤箱中层烘烤15分钟左右，至表面的奶酪融化并变成淡淡的金黄色即可。

Part 5 休闲甜品

Desserts

肉桂苹果
苹果吃出欧洲范儿
烹饪时间 50分钟
难易程度 中等

- 特色 -

经过焗烤，苹果变得柔软，酸甜滋味更加突出，而肉桂粉则是它的黄金搭档。这一香料数百年前便被欧洲人用在了苹果上，真可谓神来之笔，闻过苹果肉桂融合的香气，才能体会到什么叫做真正的香甜。

营养贴士

肉桂粉是由肉桂的干皮和枝皮制成的粉末，原产于印度、锡兰一带，具有散寒止痛、活血通经的功效。美国的一项研究表明，肉桂含有的某种成分能够加速糖分的分解，糖尿病患者进食含肉桂粉的食物，有助于减轻病情。

TIPS

- 之所以从底部去除果核，是因为苹果上端向下放置更加稳当，所以千万不要搞反。肉桂粉是烤苹果的灵魂香料，一定不能省略。
- 苹果品种很多，推荐使用红富士苹果，甜度较高，口感清脆。

主料：

苹果	2个

辅料：

黄油	30克
肉桂粉	1茶匙
朗姆酒	2汤匙
白砂糖	2汤匙

做法：

1 苹果洗净，拔掉苹果把。

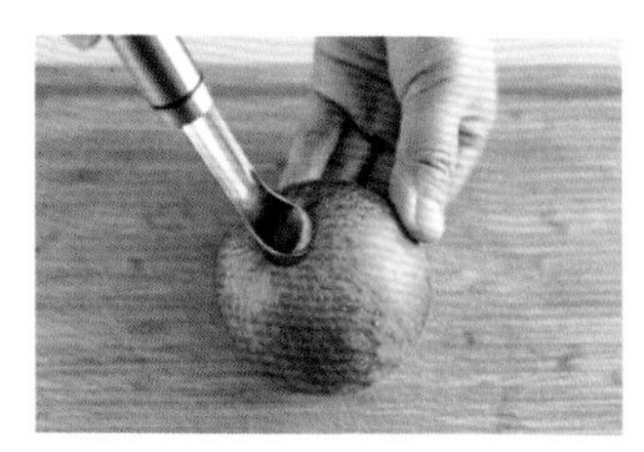

2 用去核器从尾部去除果核。

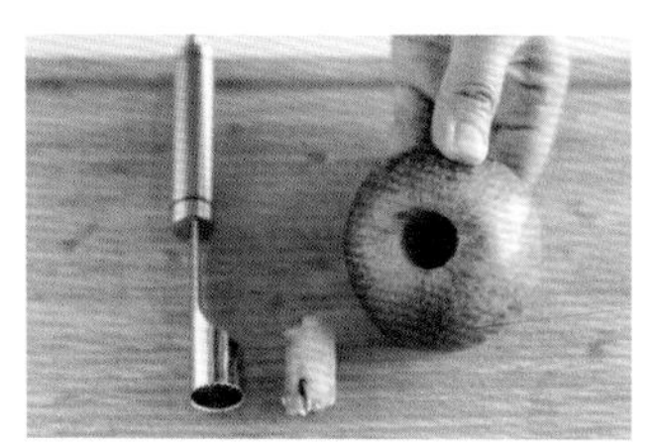

3 注意不要穿透苹果，保留顶端部分的完整。

4 烤箱预热至180℃；在掏好的苹果内部各放1汤匙白砂糖和1/2茶匙肉桂粉。

5 黄油切成细小的竖条，塞进苹果内部。

6 分别淋上1汤匙朗姆酒。

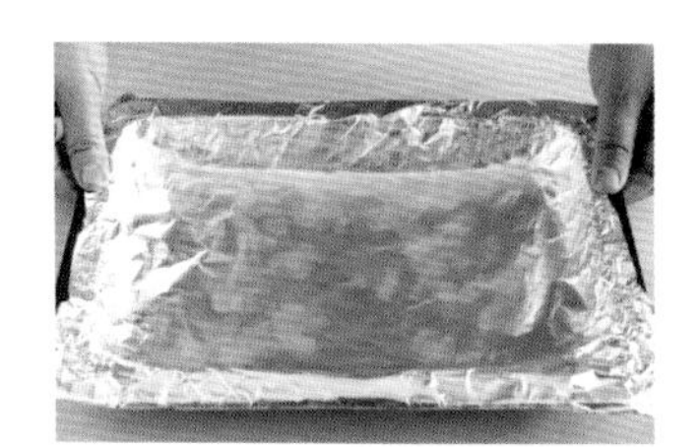

7 烤箱预热至180℃，烤盘包裹锡纸。

8 将苹果放在烤盘上，置于烤箱中下层，依据苹果大小，烘烤30~40分钟即可。

快手苹果派

欧洲外婆们的拿手甜品

烹饪时间 60分钟

难易程度 简单

- 特色 -

一张派皮，两个苹果，一点奶油，当孩子们热热闹闹造访的时候，欧美的外婆们最常端出的就是这道快手苹果派，不需要费时费力，卖相与味道却是一流，一大家人一起分享的，不单单是食物的甜蜜，更是团聚时刻的幸福。

营养贴士

苹果中营养成分可溶性大，易被人体吸收，故有“活水”之称，吃较多苹果的人远比不吃或少吃苹果的人感冒概率要低。所以，有科学家和医生把苹果称为“全方位的健康水果”或称为“全科医生”。

TIPS

如果购买不到大张圆形的千层酥皮，可以改用小的派盘，甚至是蛋挞模，用国内较为常见的方形酥皮来制作小号的苹果派。

主料：

圆形千层派皮	1大张
苹果	2个

辅料：

淡奶油	200毫升
奶油奶酪	100克
白砂糖	3汤匙
黄油	10克
肉桂粉	1茶匙

做法：

1 千层酥皮从冰箱取出，室温下解冻。

2 苹果洗净，用去核器去除苹果把和果核。

3 苹果对半切开，再切成约0.2厘米厚的苹果片。

4 淡奶油隔水加热，将奶油奶酪切小块放入，加入白砂糖，搅拌至奶油奶酪完全融化。

5 黄油放入小碗，微波炉加热30秒使之融化，用毛刷抹在派盘上。

6 将派皮摊在派盘内，用手辅助令边缘竖起。

7 烤箱预热至180℃；将苹果片整齐地摆放在派皮上，浇上步骤4融化的奶油。

8 均匀地撒上少许肉桂粉，送入烤箱中层，烘烤35分钟左右。取出晾凉后方可切件食用。

巧克力奶酪香蕉

热量再高也不愿错过

烹饪时间 50分钟

难易程度 简单

- 特色 -

香蕉绵绵软软，直接吃就非常香甜，经过高温烘烤，更拥有了奶油般的香滑口感。再以黄油滋润、奶酪提味，淋上充满诱惑的巧克力酱，撒上美美的杏仁片，就算它热量再高，也是一枚让人无法拒绝的甜蜜炸弹。

主料：

香蕉	2根
巧克力酱	适量

辅料：

黄油	15克
奶油奶酪	50克
杏仁片	适量

做法：

1 烤箱预热至200℃；烤盘包裹好锡纸；香蕉去皮，摆放在烤盘上。

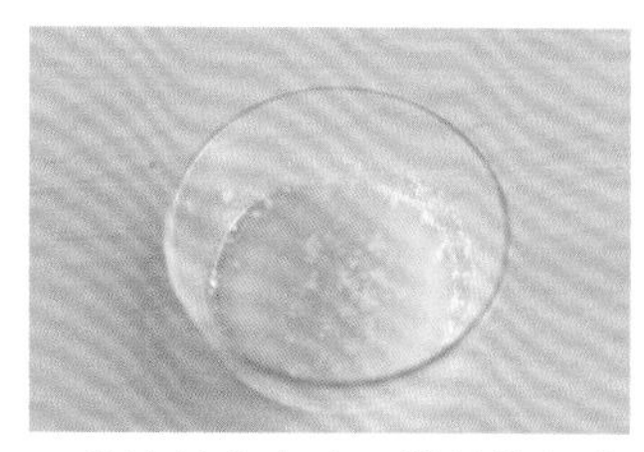

2 黄油放入小碗，微波炉加热30秒使之融化。

3 用毛刷蘸取黄油，刷在香蕉表面。

4 送入烤箱中层，烘烤20分钟；取出翻面，再刷一层黄油，放回烤箱继续烘烤15分钟。

5 奶油奶酪切成细条。

6 取出烤盘，在香蕉上划一刀，不要划透。

7 将奶酪填入香蕉中，继续放回烤箱中层，烘烤5分钟左右，至奶酪融化。

8 在烤好的奶酪香蕉上淋上巧克力酱，撒上杏仁片作为点缀即可。

营养贴士

巧克力虽然热量较高，但它含有的可可碱具有振奋精神的功效，能唤起人的身体感官，刺激大脑分泌内啡肽，从而起到一定的缓解压力、消除抑郁情绪的作用。

TIPS

巧克力酱需要购买液态的（例如好时巧克力酱），而不是固态的（Nutella），这样才方便浇淋。

简易香蕉蛋糕

成功率百分百

烹饪时间 50分钟

难易程度 简单

– 特色 –

当你初入烘焙大门，烤蛋糕时总是遭遇硬邦邦发不起来的失败时不要气馁，试试这款香蕉蛋糕吧，只要按照步骤一步步操作，绝无失败的可能，味道还超级棒！

主料：		辅料：	
香蕉	1大根	黄油	60克
低筋面粉	120克	炼乳	35克
鸡蛋	1个	泡打粉	1茶匙
白砂糖	25克		

TIPS

倒入面粉后混合蛋糕糊时切忌划圈搅拌，应用切拌的方式，才能避免面粉出筋，从而保持松软的蛋糕口感。

做法：

1 香蕉去皮，压成泥。

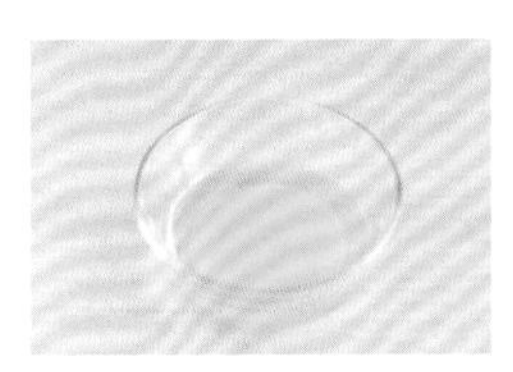

2 黄油放入小碗中，微波炉高火加热1分钟使之完全融化。

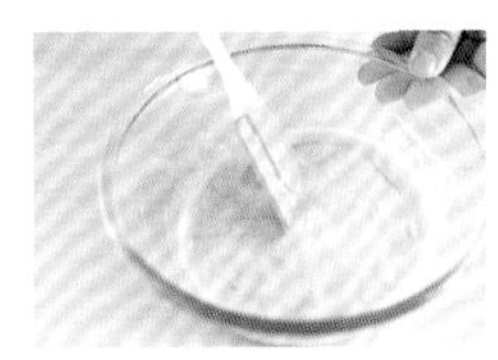

3 在香蕉泥中打入鸡蛋，加入炼乳和白砂糖，用刮刀搅拌均匀。

4 加入融化的黄油，搅拌成糊状。

5 低筋面粉和泡打粉混合，筛入香蕉糊中。

6 用刮刀轻柔地搅拌均匀。

7 烤箱预热至160℃，将蛋糕糊倒入不粘模具中。

8 烤箱中层，烘烤40分钟左右即可。

鸡蛋吐司提子布丁

剩吐司的华丽转身

烹饪时间 30分钟

难易程度 简单

- 特色 -

吐司是欧美国家最常见的主食，一大袋吐司拆开未必能及时消化完，剩余的几片就被发明出这种美味的做法：加入香甜的蛋液，搭配一颗颗甜蜜的提子干，没什么味道的吐司立刻变身成华丽丽的餐后甜点，简单又香浓！

主料：	
白吐司	4片
提子干	30克
鸡蛋	3个

辅料：	
绵白糖	3汤匙
淡奶油	200毫升
黄油	10克
香草荚	1根
朗姆酒	1汤匙

TIPS

如果没有香草荚，也可以用几滴香草精华来代替。香草精华并非人造香精，而是烈酒+香草豆荚浸泡出来的天然香精，可以放心使用。

做法：

1 将提子干洗净，用厨房纸巾吸干水分，放入小碗中，加入1汤匙朗姆酒，浸泡片刻。

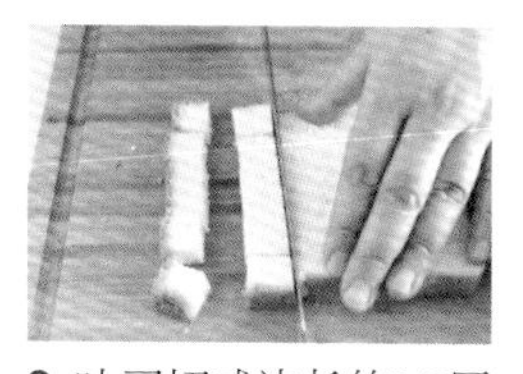

2 吐司切成边长约1.5厘米的小块。

3 黄油放入小碗，微波炉加热30秒至完全融化；用毛刷将黄油刷在烤箱专用瓷碗的内侧。

4 鸡蛋打入碗中，用手动打蛋器打散，加入绵白糖、淡奶油，搅打均匀。

5 香草荚用小刀纵向剖开，用刀尖取出香草籽，放入蛋液内，搅拌均匀。

6 将切好的吐司块放入香草蛋奶液中，使其充分吸收。

7 烤箱预热至180℃；将拌好的蛋奶吐司倒入瓷碗中。

8 撒上腌渍好的提子干，放入烤箱中层烘烤25分钟，至表面金黄即可。

红酒银耳烤雪梨

养生有新意

烹饪时间 2小时

难易程度 中等

- 特色 -

雪梨滋补养颜的功效是世界公认的：中国有银耳炖雪梨，法国有红酒烤雪梨。为什么不试着把这两道名菜合二为一呢？红酒和梨汁滋润着银耳，用锡纸细细包裹，打开的一刹那，甜美滋味扑鼻而来。

主料：

雪梨	2个
银耳	1/4朵
红酒	50毫升

辅料：

冰糖	2粒

做法：

1 将干银耳提前1小时用清水泡发。

2 剪去发黄的银耳根部，撕成小块，沥干水分备用。

3 雪梨洗净，从梨把向下2厘米处横切一刀。

4 用小刀、勺子或竖型果皮削将梨核和部分梨肉掏出，留出足够大的空间。

5 烤箱预热至230℃；在梨身内各装入1粒冰糖，摆放上银耳。

6 倒入红酒，不满的部分添加适量清水。

7 盖上梨盖，小心地用锡纸将整颗梨包裹起来，露出梨把。

8 放入烤箱中层，烘烤1小时即可。

营养贴士

银耳补脾开胃、益气清肠、滋阴润肺，能增强人体免疫力，又可增强肿瘤患者对放化疗的耐受力。银耳富含天然植物性胶质，是非常好的润肤食品。

TIPS

除银耳之外，也可以放入红枣、川贝、发好的燕窝等食材，没有红酒可以用清水代替。

奶酪焗番薯

甜蜜香浓挡不住

烹饪时间　40分钟

难易程度　中等

－特色－

烤番薯人人都爱，哪怕尝遍山珍海味，当街边烤番薯的小贩推着车经过时，也忍不住深吸两口那充满甜蜜的气味。现在有了烤箱，想吃烤番薯，随时就有，再加上奶酪的浓郁，番薯的美味瞬间加倍。

主料：

红心番薯（大）	1个
奶油奶酪	50克

辅料：

黄油	10克
炼乳	25毫升
淡奶油	25毫升
鸡蛋	1个

营养贴士

《本草纲目》记载："番薯具有补虚乏、益气力、健脾胃、强肾阳之功效"。番薯含有丰富的维生素C、维生素E及钾元素，其中维生素C能明显增强人体对感冒等多种病毒的抵抗力；维生素E则能延缓衰老；钾元素能有效预防高血压、中风和心血管病的发生。

TIPS

如果烤箱是上下火不可分控式，最后一步将烤盘移至烤箱上层即可。

做法：

1 番薯洗净泥土，用打湿的餐巾纸包好，放入微波炉中，高火转5分钟。

2 将熟透的番薯纵向剖开；用勺子将番薯肉掏出，皮留0.5厘米左右，不要全部掏出。挖出的番薯泥放入小盆中。

3 淡奶油与炼乳混合，隔水加热。

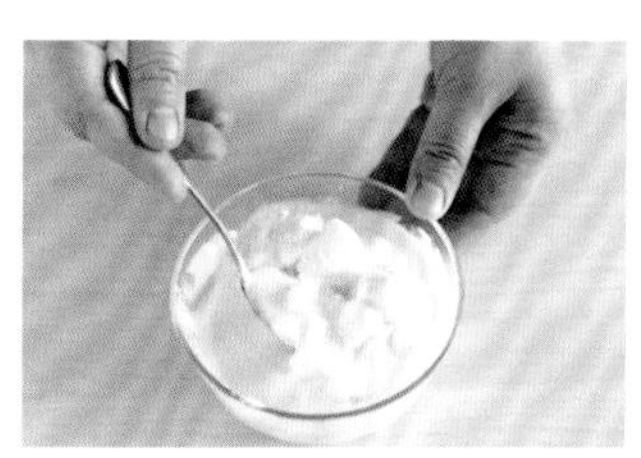

4 奶油奶酪切成小块，与黄油一起放进步骤3的奶液中，搅拌至奶油奶酪和黄油都化开。

5 将番薯泥加入步骤4中，搅拌均匀。

6 烤箱预热至180℃，烤盘包裹锡纸；将拌好的奶酪番薯泥装回番薯皮中。

7 鸡蛋仅取蛋黄部分，打匀后刷在番薯上。放入烤箱中层烘烤15分钟。

8 将烤箱调整至仅开上火，继续烘烤5分钟即可。

巧克力棉花糖吐司

快手美味又吸睛

烹饪时间 15分钟

难易程度 简单

- 特色 -

想做一份甜品，不要太复杂，不要太奢侈，外观漂亮又好吃。那么这款甜品吐司简直就是为此而生！简单的原料，便捷的步骤，超短的时间，待客也好，解馋也罢，就是用来摆拍也能赚足眼球。

营养贴士

不要小看一片小小的吐司，它虽然没什么味道，却是很多美食最好的陪衬。此外，由于酵母菌的功劳，它非常容易消化，其中含有的蛋白质、碳水化合物、维生素及微量元素等极易被人体所吸收。

TIPS

花生酱分柔滑型与颗粒型两种，本菜谱推荐使用柔滑型，与整体口感更协调。

主料：

吐司	2片
棉花糖	50克
巧克力酱	适量

辅料：

花生酱	2汤匙
彩色食用糖珠	适量

做法：

1 烤箱预热至180℃；准备吐司两片，分别放上1汤匙花生酱。

2 用勺背将花生酱均匀涂抹在吐司上。

3 将棉花糖整齐摆放在吐司上。

4 放入烤箱中层，烘烤5~10分钟，注意观察棉花糖表面，略呈金黄色即可取出。

5 趁热淋上巧克力酱。

6 点缀上彩色的食用糖珠即可。

黄桃蛋挞

足料又实惠，一次吃过瘾

烹饪时间 30分钟

难易程度 简单

– 特色 –

酥酥的挞皮，嫩滑的蛋液，香甜的黄桃，搭配在一起无比和谐。与其在外面几元买一个，还要忍受没几块黄桃的缺憾，不如在家自制，放足了大块的黄桃，烤上一大盘，和小伙伴们一起过足瘾吧！

主料：

罐头黄桃	3块
蛋挞皮	8个
蛋黄	2个
牛奶	50毫升
淡奶油	100毫升

辅料：

白砂糖	2汤匙
炼乳	1茶匙

营养贴士

一个重约50克的鸡蛋，蛋白质含量可以达到7克左右，而且鸡蛋的氨基酸比例很符合人体生理需要，易为机体吸收，利用率高达98%以上，同时还富含维生素、蛋氨酸、卵磷脂、微量元素等，是物美价廉的营养品。

TIPS

- 将黄桃替换成蜜红豆即可做成红豆蛋挞；或是在烤好的原味蛋挞上摆放上新鲜的应季水果也非常诱人。
- 保持蛋挞细嫩的秘诀之一就是搅打蛋奶液时一定要轻柔，避免过多的空气进入。

做法：

1 蛋挞皮提前从冷冻室拿出解冻；黄桃从罐头中捞出，沥干汁水，切成小块备用。

2 在小奶锅中加入牛奶、淡奶油、白砂糖和炼乳。

3 小火加热的同时用手动打蛋器轻柔地贴底搅拌，直至白砂糖完全化开即可，无需沸腾。关火晾凉。

4 鸡蛋仅取蛋黄，待步骤3的奶液凉至不烫手时，将蛋黄加入，依旧用手动打蛋器轻柔地贴底搅拌，直至蛋黄和奶液完全融合。

5 将烤箱预热至220℃；蛋挞皮摆放在烤盘内。

6 在每个蛋挞皮内放几块黄桃。

7 将蛋挞液倒入蛋挞皮，不要超过八成满。

8 送入烤箱中层，烤15～20分钟，至蛋挞表皮有轻微褐色小点即可。

杏仁瓦片

法国大厨的精致小点

烹饪时间　2小时

难易程度　中等

- 特色 -

仅用蛋清打发加少许面粉作为饼身，搭配大量杏仁片制成的杏仁瓦片，是一道非常具有代表性的法式甜品，虽然制作并不复杂，但诸多细节的掌控也颇为重要，成品金黄酥脆，杏仁香浓，饼身入口即化，一块接一块，让人停不下嘴。

主料：

蛋清	60克
杏仁片	200克

辅料：

黄油	20克
香草精	几滴
低筋面粉	15克
白砂糖	3汤匙

营养贴士

杏仁含有蛋白质、维生素E、胡萝卜素、苦杏仁苷，以及油酸和亚油酸等不饱和脂肪酸。其中不饱和脂肪酸有益于心脏健康；苦杏仁苷有防癌抗癌的作用。中医认为，杏仁可止咳平喘、润肠通便。

TIPS

- 步骤8是为了保持杏仁瓦片最初被创立时的形态，对口感并没有影响，所以可以略过不做，保持平整状态，晾凉后即可食用。
- 如果烤好的杏仁瓦片一次吃不完，一定要放入密封容器，最好再放两包食品干燥剂，最多可保存2周左右。

做法：

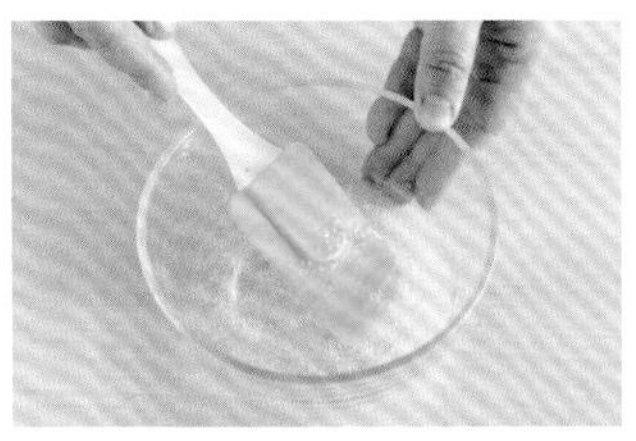

1 将蛋清打入碗中，加入白砂糖，滴入几滴香草精，用橡皮刮刀搅拌均匀。

2 撒入杏仁片，继续用刮刀从底部轻柔翻拌均匀，尽量避免压碎杏仁片。

3 黄油放入微波炉加热30秒至融化，倒入步骤2中，翻拌均匀，盖上保鲜膜，静置1小时。

4 低筋面粉过筛，加入步骤3中，翻拌均匀，静置30分钟。

5 烤箱预热至160℃，烤盘铺好防粘油布或烘焙用油纸（光滑面朝上）。

6 取1汤匙杏仁瓦片放入烤盘，用勺背辅助摊平，越薄越好，间距保持2厘米左右。

7 放入烤箱，根据上色情况烘烤12～15分钟，至瓦片呈金黄色即可。

8 取出的瓦片依然保持柔软，用小铲子辅助，铲下后放在擀面杖上，整形成薯片状即可。

意式快手坚果酥

意式甜点超简单

烹饪时间 50分钟

难易程度 简单

- 特色 -

坚果酥是意大利主妇人人都会的快手甜品，哪怕再不擅烹饪的意大利人，让他烤一份坚果酥也没有任何难度。所以这是一道特别适合甜品小白的菜式，不需要任何技巧也能成功，让人特别有成就感。

营养贴士

燕麦富含膳食纤维，能促进肠胃蠕动，同时热量低、升糖指数低，能够降脂降糖。1997年美国食品及药物管理局认定燕麦为功能性食物，具有降低胆固醇、平稳血糖的功效。《时代》杂志评选的“全球十大健康食物”中燕麦位列第五，是唯一上榜的谷类。

TIPS

- 烤好的坚果酥无需马上从烤箱中取出，可利用余温继续闷半小时左右，口感会更加酥脆。
- 将绵白糖替换为红糖，会有另外一番风味，也更适合女生食用。

主料：

即食燕麦片	100克
混合坚果	100克

辅料：

低筋面粉	20克
黄油	50克
绵白糖	50克

做法：

1 黄油放入小碗中，微波炉加热30秒左右至完全融化。

2 坚果放入切碎机，切成碎粒。

3 将坚果碎与燕麦片、绵白糖和低筋面粉放入盆中混合均匀。

4 倒入融化的黄油，翻拌均匀。

5 烤盘铺上防粘油布或烘焙用油纸（光滑面朝上），用手将食材团成鹌鹑蛋大小的小球，整齐摆放在烤盘内。

6 烤箱提前10分钟预热至160℃，将烤盘放入烤箱中层，烘烤30分钟左右即可。

花生小酥饼

花生香浓，入口即溶

烹饪时间 40分钟

难易程度 中等

– 特色 –

这款小饼干，由于花生酱的加入，使得味道香浓而不甜腻，以黄油打发的方式制作，虽然略微复杂，但是口感特别好，蓬松酥脆，入口即溶。

主料：

颗粒型花生酱	50克
低筋面粉	150克
黄油	110克
鸡蛋	1个

辅料：

绵白糖	80克
盐	1茶匙
蛋黄	1个
黑芝麻	少许

营养贴士

花生酱虽然热量稍高，但它含有丰富的蛋白质、B族维生素、维生素E及钙、铁等矿物质，具有健脑益智、促进骨骼发育、延缓衰老等功效。同时花生酱中所含有的色氨酸，还有助眠功效。

TIPS

如果想要更加浓郁的花生香味，可以将烤熟的去皮花生仁碾碎，加入面糊中一并烘烤。

做法：

1 黄油在20℃左右的室温下软化，直至用手指可轻易按出坑的软度；加入绵白糖和盐，用刮刀稍微拌匀。

2 用电动打蛋器将黄油高速搅打2分钟，至黄油变白、变轻盈蓬松。

3 加入花生酱，继续搅打1分钟。

4 将1个鸡蛋打散，蛋液分3次加入黄油中，每次加入后都用电动打蛋器高速搅打1分钟，至蛋液被黄油完全吸收。

5 低筋面粉过筛，加入打发的黄油中。

6 用刮刀翻拌均匀至没有干粉。

7 烤箱预热至160℃，烤盘铺上油布或烘焙用油纸；取鹌鹑蛋大小的一块面糊揉圆，再轻轻按压成1厘米左右厚的小圆饼，整齐摆放在烤盘内。

8 取1个蛋黄打散，用毛刷蘸取，刷在小饼上，撒上几粒黑芝麻做点缀，放入烤箱中层，烘烤25分钟左右至表面呈金黄色即可。

酸奶小馒头

白白嫩嫩，营养满分

烹饪时间 1小时30分钟

难易程度 高级

— 特色 —

以蛋清、酸奶和奶粉为原材料制作的酸奶小馒头，模样小巧可爱，营养充足，入口即化，是最适合小宝宝们的辅食，作为成人的健康小零食也非常不错哟！

主料：

蛋清	60克
老酸奶	30克
奶粉	25克

辅料：

绵白糖	10克
柠檬汁	几滴
玉米淀粉	10克

营养贴士

牛奶经发酵制成的酸奶，更易被人体消化和吸收，各种营养素的利用率更高。除了保留了鲜牛奶的全部营养成分外，酸奶中的乳酸菌还可以维护肠道菌群生态平衡，减少某些致癌物质的产生，因而有防癌作用。

TIPS

- 酸奶小馒头制作成功的关键就是蛋白的打发，一定要区别湿性发泡和干性发泡。建议每隔半分钟取出打蛋器观察蛋白状态，因为搅打过度也会使蛋白分子破裂，造成无法挽回的过度打发状态，只能丢弃。
- 烤好的酸奶小馒头如果不能从油布上轻易抖落，就是水分还未完全烤干，可根据情况继续烘烤15～20分钟。

做法：

1 准备好不锈钢打蛋盆和电动打蛋器，必须保证无水无油的干净状态。

2 酸奶放入小盆中，加入奶粉，用刮刀稍微拌匀即可，切忌过度搅拌使酸奶析出过多乳清。

3 蛋清放入打蛋盆中，加入几滴柠檬汁，用电动打蛋器高速搅打。

4 分3次放入绵白糖：第一次是蛋清出现较多的大泡沫时；第二次是泡沫开始变得浓密时；第三次是蛋白开始出现纹路时。

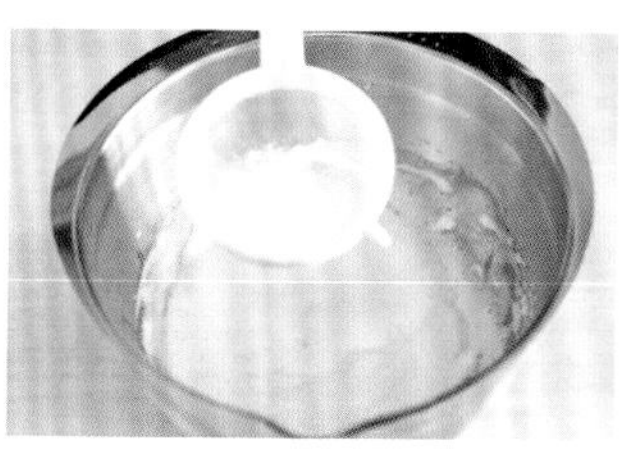

5 继续搅打至湿性发泡时（提起打蛋器，蛋白呈现弯钩状态），筛入玉米淀粉，继续搅打，直至干性发泡：倒扣蛋盆蛋白都不会流动。

6 烤箱预热至100℃，烤盘铺好油布或烘焙用油纸；取1个大号裱花袋，袋口剪出1厘米左右直径的口，将裱花袋套在高杯上，边缘翻出。

7 将打好的蛋白放入酸奶盆中，用刮刀轻柔地抄底翻拌，搅拌均匀后倒进裱花袋内。在烤盘上均匀地挤出小馒头状，间距保持在1厘米左右。

8 放入烤箱中层，烘烤1小时左右，烤好后不要马上取出，利用余温继续闷烤，直至放凉再取出食用。

萨巴厨房®

系列图书

吃出健康系列

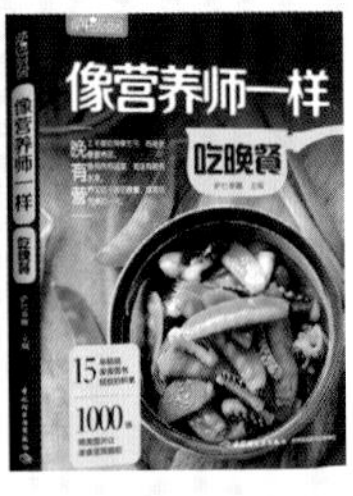

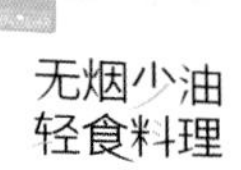

懒人下厨房系列

家常美食系列

图书在版编目（CIP）数据

超简单！烤箱料理 / 萨巴蒂娜主编. — 北京：中国轻工业出版社，2023.11

（萨巴厨房）

ISBN 978-7-5184-1636-3

Ⅰ. ①超… Ⅱ. ①萨… Ⅲ. ①电烤箱 – 菜肴 – 菜谱 Ⅳ. ① TS972.129.2

中国版本图书馆 CIP 数据核字（2017）第 236977 号

责任编辑：张　弘　高惠京　　责任终审：劳国强　　整体设计：锋尚设计

策划编辑：张　弘　洪　云　高惠京　　责任校对：李　靖　　责任监印：张京华

出版发行：中国轻工业出版社（北京东长安街6号，邮编：100740）

印　　刷：北京博海升彩色印刷有限公司

经　　销：各地新华书店

版　　次：2023年11月第1版第9次印刷

开　　本：710 × 1000　1/16　印张：12

字　　数：200千字

书　　号：ISBN 978-7-5184-1636-3　定价：39.80元

邮购电话：010-65241695

发行电话：010-85119835　传真：85113293

网　　址：http://www.chlip.com.cn

Email：club@chlip.com.cn

如发现图书残缺请与我社邮购联系调换

231885S1C109ZBW